中国地质大学(武汉)本科教学工程项目(2021G66)资助
教育部第二批新工科研究与实践项目"地下工程新工科人才培养实践
创新平台建设探索与实践"(E-TMJZSLHY20202137)资助

"城市地下空间规划及设计"课程设计指导书

CHENGSHI DIXIA KONGJIAN GUIHUA JI SHEJI
KECHENG SHEJI ZHIDAOSHU

左昌群　谭　飞　焦玉勇　主编

中国地质大学出版社
ZHONGGUO DIZHI DAXUE CHUBANSHE

图书在版编目(CIP)数据

"城市地下空间规划及设计"课程设计指导书/左昌群,谭飞,焦玉勇主编.—武汉:中国地质大学出版社,2023.12
ISBN 978-7-5625-5503-2

Ⅰ.①城… Ⅱ.①左… ②谭… ③焦… Ⅲ.①地下建筑物-城市规划-课程设计-高等学校-教学参考资料 Ⅳ.①TU984.11

中国国家版本馆 CIP 数据核字(2024)第 004853 号

"城市地下空间规划及设计"课程设计指导书	左昌群 谭 飞 焦玉勇 主编
责任编辑:彭 琳	责任校对:张咏梅
出版发行:中国地质大学出版社(武汉市洪山区鲁磨路388号)	邮政编码:430074
电 话:(027)67883511 传 真:(027)67883580	E-mail:cbb@cug.edu.cn
经 销:全国新华书店	http://cugp.cug.edu.cn
开本:787毫米×1092毫米 1/16	字数:345千字　印张:13.5
版次:2023年12月第1版	印次:2023年12月第1次印刷
印刷:武汉中远印务有限公司	
ISBN 978-7-5625-5503-2	定价:39.00元

如有印装质量问题请与印刷厂联系调换

前　言

城市地下空间是城市未来发展的重要增长极。中国特色社会主义建设已进入新时代，城市的建设与发展也迈入新阶段，作为"第四国土资源"的城市地下空间，其科学开发利用，是顺应城市发展规律的合理选择，是促进以人为核心的新型城镇化发展的客观需求。利用地下空间建设城市综合防灾体系也是新形势下城市安全韧性发展的新方向，通过统筹布局地上地下防灾空间，建立地上地下一体化主动防灾体系，成为应对城市危机的新模式和城市可持续发展的新思路。城市地下空间在开发利用地热资源、减少城市地面污染、增加城市绿地面积、推动碳封存等方面同样具有巨大发展潜力，城市地下空间的开发利用也为城市减碳和固碳提供了新机遇。因此，科学合理开发城市地下空间，可以有效缓解"大城市病"，建设资源集约节约、环境友好型城市，进而推动城市高质量发展。截至2022年底，我国城市地下空间累计建筑面积达29.62亿 m^2，以地铁为主导的地下轨道交通、以综合管廊为主导的地下市政等快速崛起，城市地下空间开发利用呈现规模发展态势，中国已成为名副其实的地下空间开发利用大国。

为适应国家经济和社会发展对城市地下空间资源规划利用人才的需求，自2002年以来我国在高校中开设了"城市地下空间工程"本科专业，2012年城市地下空间工程专业被纳入《普通高等学校本科专业目录》（专业代码：081005T）。2019年1月西南交通大学成立了土木工程教学指导委员会城市地下空间专业教学指导小组。截至2022年底，我国独立开设城市地下空间工程专业的高校已近90所，全国普通高校毕业生规模达4000~4500人，专业建设迎来了新的机遇和挑战。

实践教学是高校人才培养目标实现的重要环节，是高等工程教育的基础，在人才培养中占据着非常重要的地位，工程教育专业认证、新工科改革、双一流建设都对学生实践能力、创新能力提出了更高层次的要求。课程设计等实践教学环节作为课堂教学的有力补充，是将课本基本理论与工程实践相联系的综合训练，在理论知识学习和毕业设计实践之间扮演着承上启下的重要角色。课堂教学和实践教学的组合配置，可以实现理论到实践再到理论的循环互动，尤其是工程案例的分析与演练，让学生学会利用所学的理论知识来理解问题、分析问题、交流沟通以及解决问题，真正实现了培养专业基础知识扎实且富有创新能力的高素质工程人才的专业目标。

"城市地下空间规划及利用"是中国地质大学（武汉）土木工程专业，城市地下空间工程专业方向设置的专业主干课程之一，编者及教学团队于2012年起为相关专业本科生讲授"城市地下空间规划及利用"课程。为了进一步提升人才培养质量，凸显实践教学环节育人作用，在2019年本科培养方案调整中，我校对"城市地下空间规划及利用"课堂教学增设了相应的课程设计环节,并实现了土木工程、城市地下空间工程专业方向的全覆盖。

目前,结合课堂教学需要,已出版多部"城市地下空间规划"课程相关教材,但服务课程设计、毕业设计等实践教学环节的针对性教材仍较稀缺。为了更好地开展"城市地下空间规划及利用"课程设计的实践教学,我校教学团队在多轮次的教学实践中不断对课程设计教学大纲、课程考核方案、设计任务书、规划案例库等教学资源进行调整和丰富,经总结、修改、凝练后编写了《"城市地下空间规划及设计"课程设计指导书》。本教材的主要特点体现在:①立足学生专业背景及学情特点,按照不同地下空间规划功能类型,系统梳理了从规划选址、平纵面空间布局到建筑节点设计的分模块规划设计思路,为学生开展全流程规划设计提供指导;②编写过程中借鉴和参考了最新科研成果、规划案例,国家、地方、协会等发布的最新规范及技术标准等,紧密衔接行业技术发展;③编制了课程设计的教学指导文件、任务书及图纸模版等,为课程设计实践教学提供规范化参考,同时可在此基础上进行内容组合和拓展,以进一步服务本科专业毕业设计的教学需求。

本书由中国地质大学(武汉)工程学院的左昌群、谭飞、焦玉勇主编,编写分工如下。第1章、第4章和第8章由左昌群编写,第2章由谭飞编写,第3章由焦玉勇和左昌群共同编写,第5章由程毅编写,第6章由闫雪峰和张鹏共同编写,第7章由谭飞和左昌群共同编写。

本书在编写过程中,得到了中国地质大学(武汉)地下空间工程系相关领导和其他教师们的大力支持和帮助,在实践教学环节中也得到了武汉市政工程设计研究院有限责任公司、武汉市测绘研究院等校友企业的大力支持,在此一并表示衷心感谢!

对于书中存在的问题,敬请专家、同行和读者批评指正。

编者

2023 年 12 月

目 录

1 概 述 ·· (1)
　1.1 课程设计教学目标 ··· (1)
　1.2 课程设计组织及要求 ··· (3)
　1.3 课程设计说明书及图纸要求 ······································ (5)
　1.4 课程设计成绩评定及教学评价 ·································· (7)

2 城市地下空间资源评估与需求预测 ··································· (10)
　2.1 城市地下空间规划的阶段及主要内容 ······················· (10)
　2.2 城市地下空间资源地质评估 ····································· (12)
　2.3 城市地下空间开发需求预测分析 ······························ (21)

3 城市轨道交通规划与设计 ··· (27)
　3.1 城市轨道交通规划内容及流程 ·································· (27)
　3.2 城市轨道交通客流预测 ··· (29)
　3.3 城市轨道交通线网规划 ··· (37)
　3.4 城市轨道交通线路设计 ··· (41)
　3.5 城市轨道交通车站设计 ··· (52)

4 地下停车库规划与设计 ··· (68)
　4.1 地下停车库规划及选址 ··· (68)
　4.2 停车需求-供给预测分析 ·· (70)
　4.3 地下停车库平面及建筑设计 ····································· (80)
　4.4 地下停车库防火设计 ··· (92)

5 地下商业街规划与设计 ··· (97)
　5.1 地下商业街规划及选址 ··· (97)
　5.2 地下商业街空间布局 ··· (100)
　5.3 地下商业街建筑设计 ··· (106)

6 地下综合管廊规划与设计 ……………………………………………… (114)
6.1 地下综合管廊规划内容及原则 ……………………………………… (114)
6.2 地下综合管廊布局规划 ……………………………………………… (117)
6.3 地下综合管廊总体设计 ……………………………………………… (120)

7 地下空间环境调控与灾害防护 ……………………………………… (133)
7.1 地下空间环境特点及调控方法 ……………………………………… (133)
7.2 地下空间灾害特点及防护方法 ……………………………………… (138)

8 课程设计教学改革与实践探索 ……………………………………… (148)
8.1 工程教育认证大背景下课程设计改革 ……………………………… (148)
8.2 课程设计实践教学课程思政探索 …………………………………… (160)

主要参考文献 ……………………………………………………………… (166)

附录Ⅰ 引用规范名录 …………………………………………………… (168)

附录Ⅱ 课程设计任务书范例1 ………………………………………… (171)

附录Ⅲ 课程设计任务书范例2 ………………………………………… (178)

附录Ⅳ 课程设计任务书范例3 ………………………………………… (184)

附录Ⅴ 轨道交通客流预测实例 ………………………………………… (191)

1 概 述

1.1 课程设计教学目标

1.1.1 课程设计目的

"城市地下空间规划及设计"课程是为满足国家城乡建设和城市地下空间工程行业重大发展需求而设立的一门应用性强、以培养规划设计工程师为目标的课程,是许多工科院校土木工程(专业代码:081001)、城市地下空间工程(专业代码:081005T)及相关土木大类专业的核心专业课程。本课程以城市地下空间的规划与设计为主要切入点,涉及城市地下空间开发利用的模式、总体规划的一般原则,城市轨道交通的规划与设计,地下停车库的规划与设计,地下商业街的规划与设计,地下公共设施的规划与设计,地下空间的环境调控及灾害控制等内容,是一门理论性和实践性结合紧密的课程。

课程设计是高等教育教学活动中的重要实践环节,是学生在完成课程课堂学习之后集中一两周时间,以个人独立完成或团队分工合作等方式,围绕某一设计题目进行的专业实践活动,旨在巩固、强化、拓展学生所学知识,提高学生实践操作能力和自学创新能力,培养学生的团队合作意识。

从人才培养角度看,课程设计是针对性非常强的实践教学环节,是将课本基本理论与工程实践相联系的综合训练,也在理论知识学习和毕业设计实践之间扮演着承上启下的重要角色,是培养创新应用型人才的重要途径。课程设计不仅可以使学生通过查阅资料、现场调查、案例剖析、制订方案、设计计算、成果表达等一系列步骤将专业知识与工程实践相结合,巩固、加深学生对所学知识的理解,还可以通过一个完整闭环体系的锻炼,提升学生的系统思维能力、综合应用能力和实践创新能力。

由此可见,传统课堂教学是通过知识的传授来激发和引导学生思考的过程,而课程设计实践性教学则是通过观察与反思进行经验重构与能力提升的知识转化过程。课堂教学和实践教学的组合配置,可以实现理论到实践再到理论的循环互动,尤其是通过具体案例的分析与演练,让学生学会利用所学的理论知识来理解问题、分析问题、解决问题,真正实现培养专业基础知识扎实且富有创新能力的高素质工程人才的目标。

1.1.2 教学目标及要求

本次课程设计的目标是使学生进一步巩固所学的"城市地下空间规划及设计"课程的基础知识,深入了解各种城市地下功能空间的规划原理和结构设施的基本建筑设计要求,并能熟悉各专项规划与设计的流程步骤,使学生基本具备对城市地下空间进行规划设计所需的调查研究能力、综合分析能力、规划表达能力。本课程要达到的专业技能、能力培养目标及思政育人目标如下。

课程目标1(知识):学生能够针对课程设计任务书的要求,着手查找、收集各种资料(文献资料、规范、工程案例等),并总结和整理相关的成果,制定合理的规划设计原则及要点,提出规划总体方案,并论证方案的合理性。

课程目标2(能力):学生能够根据课程设计要求展开现场调查、数据分析、方案设计、文字编写及成果绘制;能够选用恰当的工程专业工具,进行原始数据整理、重要建筑结构计算及绘图,对规划设计结果分析判断;熟悉和掌握AutoCAD、Office、Photoshop、GIS等专业软件的使用方法。

课程目标3(素质):学生能够在课程设计过程中了解地下空间规划、结构建筑设计、功能需求布置等对环境、健康、安全、社会可持续发展的影响,理解土木工程师应承担的责任;具有团队合作精神及协调沟通能力,能够通过撰写设计说明书、绘制设计图等方式准确而有效地表达专业见解。

课程目标4(思政):学生树立正确的世界观、价值观和职业观;强化工程伦理教育,培养学生科学的学习态度和实事求是的工作作风;培养学生辩证思维能力和职业素养,开拓创新、锐意进取精神,团结合作和创新精神;激发学生科技报国的家国情怀和使命担当。

对标《工程教育认证标准》(T/CEEAA 001—2022)的相关要求,本课程设计的教学目标及对土木工程专业毕业要求的支撑点对照如表1-1所示。

表1-1 课程设计教学目标及毕业目标支撑关系矩阵

课程目标点	毕业要求	毕业要求二级指标点(知识能力要求)	支撑强度
教学目标1	问题分析	2.2能够综合运用文献、规范、标准及图表等方法对复杂土木工程问题进行技术分析并获得有效的结论	高等支撑
教学目标2	工程设计能力	3.1针对复杂工程问题,设计满足特定需求的构件(结点)、结构、体系,并能体现创新意识,同时考虑社会、健康、安全、法律、文化以及环境等因素	高等支撑
教学目标3	工程与社会	6.1能够根据社会需求,运用土木工程学科专业知识对工程问题进行合理分析,提出工程问题的设计、施工和运维方案	中等支撑

1.2 课程设计组织及要求

1.2.1 课程设计流程及进度安排

课程设计主要由教师选题、布置任务书、学生实践、教师指导、过程检查与最终考核等环节组成。其中,课程设计任务书的制订是课程设计的首要环节;学生实践是主要环节;教师指导是教师了解学生完成进度,发现学生遇到的问题并给予辅导与建议的过程;考核是对学生的成果进行检查与评价,包括过程考核与最终考核。过程考核贯穿整个课程设计的始终,主要考核学生在整个实践环节中的调查、分析、设计的完成情况,最终通过学生成果汇报或答辩来实现考核。

课程设计课内学习时间一般为 1~2 周,具体安排可参考表 1-2。由于各高校教学任务布置和课程安排各有不同,"城市地下空间规划及设计"的理论教学一般安排在专业课较密集的大三学年,且同时还有其他课程的课程设计也在同步展开,正常教学计划中往往无法安排独立的 1 周时间用于课程设计实践,指导教师可以在课堂教学环节随课程进度提前布置课程设计任务书作业,以方便学生预留更多时间开展前期调研和资料整理工作。

表 1-2 课程设计进度计划表

进度安排	任务内容	学生自主学习内容	评价方式	课程目标	授课类型
第 1 天	布置任务书	选题、知识准备	—	—	线下
第 2~3 天	过程指导	规划选址及总体方案设计	指导情况记录表	课程目标 1	线上/线下
第 4 天	中期检查	建筑结构设计	中期检查表	课程目标 2、课程目标 3	线上/线下
第 5~6 天	过程指导	编写报告、绘制图件	指导情况记录表	课程目标 2、课程目标 3	线上/线下
第 7 天	报告评阅及答辩	答辩	成绩评定表	课程目标 1、课程目标 2	线下

1.2.2 选题要求

课程设计题目应由指导教师拟定,一般应符合以下要求。

(1)满足培养方案和教学大纲的基本要求,体现所服务课程的综合内容,能使学生得到较为全面的规划设计和实践训练。

(2) 应尽可能有实用且实际的工程背景。

(3) 难度和工作量应符合学生的知识和能力状况，并可在规定的时间内完成任务。

(4) 鼓励支持指导教师将自身的科研项目提炼加工后形成适合学生的设计题目和任务要求。

1.2.3 任务书布置

课程设计任务书应包括题目、设计背景及需求、已有数据及资料、工作内容及任务、时间安排及编写要求、主要参考资料目录等内容。课程设计任务书格式及内容编排可参考附录Ⅱ～附录Ⅳ的范例。

1.2.4 准备工作

教师布置任务书后，学生根据课程设计案例背景及任务要求，开展资料收集、调研方案制定等准备工作。

(1) 收集和掌握依托案例的详细条件，包括工程概况、地质及地理条件、周边环境条件、必要的社会经济指标等。

(2) 根据设计书任务，设计必要的现场调研或调查方案，如客流量（车流量）、城市主干道路、地下空间现状、既有建（构）筑物等的调查方案。

(3) 梳理后续规划所需的规范（标准目录），匹配相应章节及条款内容。

(4) 查阅中国知网等数据库，调研与规划设计任务相关的文献资料及典型实例。

1.2.5 汇报及答辩

课程设计的考核方式由指导教师根据课程设计的内容和形式确定，可采用答辩作为最终的考核方式。答辩的具体注意事项如下。

1. 答辩资格

学生按计划完成课程设计任务，经指导教师审查通过并在其设计图纸、说明书（报告）等文件上签字，方可获得答辩资格。

2. 答辩小组

由基层教学组织负责统筹安排课程设计答辩小组，每组由2～3名相关课程任课教师组成。答辩小组应在答辩开始前详细审阅学生的课程设计资料。

3. 答辩要求

每个（每组）学生答辩时间约15分钟，并要求在此时间内陈述设计主要内容及成果，回答答辩小组提问。答辩结束后，答辩小组经打分和讨论综合确定学生的答辩成绩。

1.3 课程设计说明书及图纸要求

1.3.1 说明书要求

学生应使用计算机输入、编排和打印课程设计报告,章节安排及内容要求如下。

1. 封面

封面是课程设计的成果报告的外表面,应包括题目、姓名、专业、班级、指导教师及完成时间等信息。

2. 目录

目录包含报告及相关附件章节标题顺序列表,并附有相应的起始页码。

3. 正文

正文是课程设计的主体部分,按目录中编排的章节依次撰写,要求逻辑清晰、论述清楚、文字简练通顺、插图简明。

正文可根据需要划分为不同数量的章、节,标题应简短、明确。多层次标题用阿拉伯数字连续编号;不同层次的数字之间用小圆点"."相隔,末位数字后面不加点号。一级标题的序号居中起排,其他多层次标题的序号左顶格起排,与标题间隔1个字距。

正文中图、表、表达式应注明出处(如有),自制的图、表应说明资料、数据来源。图和表需分章编号,相应的名称置于序号之后,序号和题目之间空1个字距。

正文中引用的参考文献按顺序依次编号,具体标注方法遵守《信息与文献 参考文献著录规则》(GB/T 7714—2015)的规定,且全文必须统一。图号和图题居中置于图的下方,表号和表题居中置于表的上方。表格的编排建议采用国际通用的三线表。

课程设计报告主体部分具体排版要求可参见表1-3~表1-5。

表1-3 纸张规格和页面设置要求

内容	排版要求
纸张	A4(21cm×29.7cm),幅面白色
页面设置	上、下各3cm,左、右各3cm,页眉2.5cm,页脚2.0cm,装订线0cm
页眉	宋体,五号,居中;数字及英文部分用 Times New Roman 字体,五号
页码	宋体,五号

表 1-4　正文排版要求

内容	示例	排版要求
各章标题	1　×××	黑体,三号加粗居中,单倍行距,上下空 2 行,章序号与章题目间空 1 个汉字符
一级标题	1.1　×××	黑体,四号加粗居中,单倍行距,上下空 1 行,序号与题名之间空 1 个汉字符
二级标题	1.1.1　×××	黑体,小四居左,单倍行距,上下空 1 行,序号与题名之间空 1 个汉字符
正文段落文字	×××××××× ××××××××× ×××××××	宋体,小四;英文用 Times New Roman 字体,小四;两端对齐书写,段落首行左缩进 2 个汉字符;固定值行距 20 磅,段前、段后 0 磅
图号、图题	图 2-1　×××	置于图的下方,宋体,小五号居中,单倍行距,图号与图题文字之间空 1 个汉字符
表号、表题	表 3-1　×××	置于表的上方,宋体,小五号居中,单倍行距,表号与表题文字之间空一个汉字符
表达式	……(3-2)	序号加圆括号,Times New Roman 字体,五号,右对齐

表 1-5　其他部分排版要求

内容	排版要求
致谢	标题要求同各章标题;正文部分宋体,小四,行距 20 磅,段前、段后 0 磅
参考文献	标题要求同各章标题;正文部分宋体,小四,英文用 Times New Roman 字体,小四,行距 20 磅,段前、段后 0 磅
附录	标题要求同各章标题;正文部分宋体,小四,英文用 Times New Roman 字体,行距 12 磅,两端对齐书写,段落首行左缩进 2 个汉字符,行距 0 磅,段前、段后 0 磅

4. 致谢

向对课程报告撰写工作做过贡献的组织和个人予以感谢。感谢的对象包括协助完成设计工作和提供便利条件的组织和个人,给予转载和引用权的图片、文献或其他资料的所有者等。

5. 参考文献

文献资料必须是学生在课程设计中真正阅读过和运用过的资料,按照在正文中的出现顺序排列;编写规范符合《信息与文献　参考文献著录规则》(GB/T 7714—2015)的相关规定。

6. 附件/附录

部分材料或图件编入报告会有损编排的条理性和逻辑性,或有碍文中结构的紧凑和突出主题思想等。可将这部分材料或图件作为附录编排于报告末尾,其内容可包含原始数据记录表格、调查成果及图片等。

1.3.2 图纸要求

采用 AutoCAD 软件等绘制规划设计图纸。采用 A3(42cm×29.7cm)版式,按照图形比例要求,在标准图框内进行绘制。图框的基本格式可参见图 1-1。

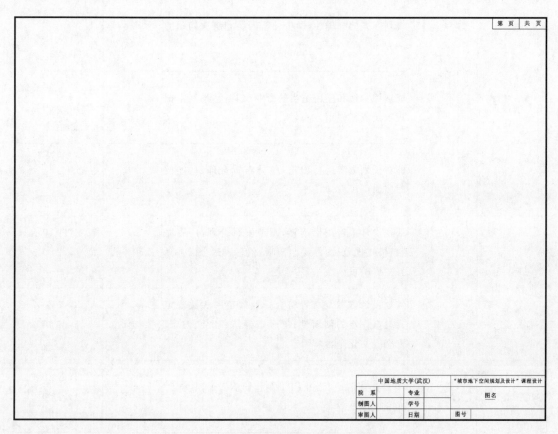

图 1-1 课程设计图件图框参考(A3 版式)

1.4 课程设计成绩评定及教学评价

1.4.1 成绩评定标准

课程设计成绩根据设计报告、设计图纸、平时表现等情况综合评定。满分为 100 分,具体考核指标及要求见表 1-6。

表 1-6 课程设计考核指标分解

考核环节	分数(分)/占比	考核要点	分数占比	支撑毕业要求的指标点及占比
平时检查	10/10%	学生学习的自觉性和主动性,发现问题和解决问题的能力,与老师、同学的沟通能力	100%	2.2,占20%; 3.1,占30%; 6.1,占50%
中期检查	20/20%	规划方案的合理性,学生分析问题和解决问题的能力	60%	2.2,占20%; 3.1,占30%; 6.1,占50%
		能熟练掌握和应用适当的专业工具,熟悉和掌握规范及资料使用方法	20%	2.2,占20%; 3.1,占30%; 6.1,占50%
		能对规划方案进行比选,整体布置合理,且能按时完成课程设计任务	20%	2.2,占20%; 3.1,占30%; 6.1,占50%
课程设计报告/图纸评阅	60/60%	课程设计报告逻辑清晰,章节安排合理,内容完整,格式规范;图件绘制清晰,信息表达全面并具有很好的可读性	80%	2.2,占20%; 3.1,占30%; 6.1,占50%
		规划设计方案及布置符合行业规范的相关规定且具有一定的创新性;能考虑经济、社会、健康、安全及文化等影响因素	20%	2.2,占20%; 3.1,占30%; 6.1,占50%
汇报答辩	10/10%	答辩讲述清楚,汇报PPT制作简洁清晰,具备良好的专业表达能力	100%	2.2,占20%; 3.1,占30%; 6.1,占50%

1.4.2 课程目标达成度评价

达成度评价是工程教育专业认证的核心要求,是衡量高等院校人才培养目标实现程度的重要手段,是专业持续改进的关键。作为支撑毕业要求的重要环节,课程设计实践教学环节也需要对课程目标达成情况进行评价反馈,并以此作为后续教学改进的重要依据。

"城市地下空间规划及设计"课程设计目标达成度包括课程分目标达成度评价和课程总目标达成度评价,各评价指标及计算方法见表1-7。

表1-7 课程目标达成度评价指标及计算方法

课程目标	考核环节	目标分值/分	学生平均得分	目标达成度计算
课程目标1	平时表现	10	A_1	$(A_1+B_1+C_1)/30$
	成果表现及报告编写	15	B_1	
	汇报答辩	5	C_1	
课程目标2	平时表现	10	A_2	$(A_2+B_2+C_2)/40$
	成果表现及报告编写	15	B_2	
	汇报答辩	15	C_2	
课程目标3	平时表现	5	A_3	$(A_3+B_3+C_3)/30$
	成果表现及报告编写	15	B_3	
	汇报答辩	10	C_3	
课程总目标	总评成绩	100	$\sum A_i+B_i+C_i$	课程总目标达成度 $(\sum A_i+B_i+C_i)/100$

2　城市地下空间资源评估与需求预测

城市地下空间是重要的国土空间资源,是支撑城市绿色、低碳、健康发展的重要载体,也是城市发展的战略性空间。保护和科学利用城市地下空间是优化城市空间结构、完善城市空间功能、提升城市综合承载力的重要途径。城市地下空间作为一种宝贵的自然资源,其开发利用具有不可逆性,一旦开发利用,就很难恢复原状,甚至无法改造重建。因此,在开发利用之前,结合城市发展要求进行科学的资源评估及需求预测分析,引导城市地下空间资源在科学合理的限度和范围内得到有序开发,对合理利用和节约城市资源具有重大意义。

2.1　城市地下空间规划的阶段及主要内容

2.1.1　城市地下空间规划的任务与期限

1. 城市地下空间规划的任务

(1)根据不同的目的、需求、环境进行城市地下空间的安排,并探索和实现城市地下空间不同功能之间的相互管理关系。

(2)合理、有效、公平、公正地塑造有序的城市空间环境,创造出良好的生活、生产环境。

(3)在不扩大城市用地的前提下,通过改变城市的内部结构、更新城市的内部机能、开发城市现有的潜在空间资源,实现城市空间的三维式拓展,从而提高土地的密度、利用效率、质量,最终节约土地资源。

2. 城市地下空间规划的原则

(1)开发与保护相结合原则。
(2)地上、地下空间相协调原则。
(3)远期与近期相呼应原则。
(4)平战结合原则。
(5)综合效益原则。

3. 城市地下空间规划的范围及期限

城市地下空间规划的阶段划分应与城市规划阶段相对应,规划期限应与对应阶段的城市规划期限一致。城市地下空间规划期限一般分近期和远期,近期为5年,远期为20年。城市地下空间规划范围应与对应阶段的城市规划范围一致。

2.1.2 城市地下空间规划的层次与内容

城市地下空间规划被划分为总体规划、详细规划2个阶段进行编制。在实际工作中,城市地下空间总体规划可以分为总体规划纲要和地下空间开发总体规划2个层次进行编制。总体规划纲要主要对总体规划需要确定的主要目标、方向和内容提出原则性的意见,是总体规划的依据。城市地下空间总体规划流程见图2-1。

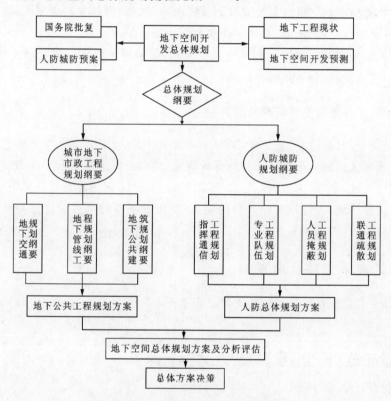

图2-1 城市地下空间总体规划流程

在城市总体规划编制之前或同时,可根据需要进行专项规划编制。

地下空间详细规划可以结合地上控制性详细规划和修建性详细规划两个层次同步编制,也可以依据地上规划单独编制地下空间控制性详细规划和地下空间修建性详细规划。

1. 城市地下空间总体规划编制

以城市总体规划和城市地下空间总体规划为依据,结合城市社会经济发展规划及城市实际情况,提出以下编制内容。

(1)提出符合该城市发展的地下专项规划空间需求量预测及建设能力测算。

(2)明确地下空间资源开发利用的基本原则和建设方针。

(3)研究确定地下专项规划空间开发利用的功能、规模、系统布局和分层规划。

(4)制定各阶段地下专项规划空间开发利用的发展目标和保障措施。

(5)统筹安排近期地下空间开发利用建设项目。

2. 城市地下空间控制性详细规划编制

(1)根据地下空间总体规划的要求,确定规划范围内各类地下空间设施系统的总体规模、平面布局和竖向关系等,包括地下交通设施系统、地下公共空间设施系统、地下市政设施系统、地下防灾系统、地下仓储与物流系统等。

(2)针对各类地下空间设施系统对规划范围内地下空间的开发利用要求,提出城市公共地下空间开发利用的功能、规模、布局等详细控制指标。

(3)结合各类地下空间设施系统开发建设的特点,对地下空间使用权的出让、地下空间开发利用与建设模式、运营管理等提出建议。

3. 城市地下空间修建性详细规划编制

以落实地下空间总体规划的意图为目的,依据地下空间控制性详细规划所确定的各项控制要求,对规划区内的地下空间等进行深入研究,协调公共地下空间平面布局、空间整合、公共活动、交通系统与主要出入(连通)口、景观环境、安全防灾与开发地块地下空间,以及地下交通设施、市政设施、人防设施等之间的关系,提出地下空间资源综合开发利用的各项控制指标和其他规划管理要求。

2.1.3 规划成果文件及要求

规划成果文件应包括图纸和说明文件2个部分,应当以书面和电子文档的形式表述。

2.2 城市地下空间资源地质评估

2.2.1 城市地下空间资源评估的基本规定

1. 任务及目的

(1)在城市地下空间规划和开发利用前应进行城市地下空间资源评估,内容应包括调查、分析和可开发地下空间的适建性评估。

(2)城市地下空间资源评估应根据评估要素和因子,通过资源普查、要素分析及综合研判,选择适宜的评估方法,建立评估体系,研究确定适宜的城市地下空间利用范围和规模。

(3)城市地下空间资源评估应以资源开发利用的战略性、前瞻性与长效性为基础,按照对资源的影响和利用导向确定评估要素,应包括但不限于下列要素。①自然要素。地形地貌、工程地质与水文地质条件、地质灾害区、地质敏感区、矿藏资源埋藏区和地质遗迹等。②环境要素。森林公园、风景名胜区、生态敏感区、重要水体和水资源保护区等。③人文要素。古建筑、古墓群、遗址遗迹等不可移动文物和地下文物埋藏区等。④建设要素。新增建设用地、更新改造用地、现状建筑地下结构基础、地下建（构）筑物及设施、地下交通设施、地下市政公用设施和地下防灾设施等。

(4) 城市地下空间规划应以地下空间资源评估为基础，对城市规划区内地下空间资源划定管制范围，划定城市地下空间禁建区、限建区和适建区，提出管制措施要求。禁建区应为基于自然条件或城市发展的要求，在一定时期内不得开发的城市地下空间区域；限建区应为满足特定条件，或限制特定功能，或限制规模开发利用的城市地下空间区域；适建区应为规划区内适宜各类地下空间开发利用的城市地下空间区域。

2. 评估流程

城市地下空间地质适宜性评估工作技术流程应包括评估准备、评估分析、综合评估以及形成结论。评估工作技术流程见图2-2。

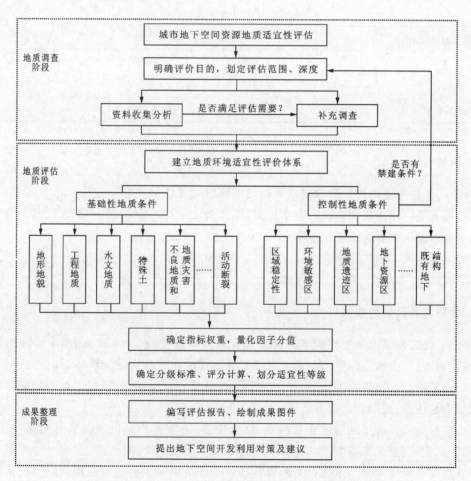

图2-2 城市地下空间资源地质适宜性评估工作技术流程

2.2.2 城市地下空间资源地质评估要求及内容

1. 评估期限

城市地下空间资源地质评估应根据地下空间规划的不同阶段要求,在规划编制前或规划编制前期阶段组织开展。

2. 评估范围

(1)评估平面范围不应小于规划范围,并考虑地质条件影响范围。

(2)评估深度应大于规划利用深度,且分层展开评估。根据《城市地下空间规划标准》(GB/T 51358—2019)中的相关规定(参见3.0.6),评估分层深度建议划分见表2-1。不同城市,可结合具体的地质环境条件及地下空间规划需求,对浅层、次浅层及次深层的划分标准作适当调整。

表2-1 评估分层深度建议表

规划分层	评估分层深度/m			
无具体要求	浅层	次浅层	次深层	深层
	0~-15	-15~-30	-30~-50	-50以下
有具体要求	按照城市规划分层要求进行评估			

3. 评估精度

评估精度根据不同规划阶段要求可制定不同的标准。

(1)地下空间总体规划阶段。全市层面:平面精度1:50 000,垂向精度1:2000。分区层面:平面精度1:25 000,垂向精度1:1000。

(2)地下空间详细规划阶段。一般地区:平面精度1:10 000,垂向精度1:500。特定地区:平面精度1:5000,垂向精度1:200。

4. 评估准备及资料收集

评估工作宜在完成地下空间资源调查或区域地质调查、水文地质调查、工程地质调查、环境地质调查、灾害地质调查的基础上开展。评估前应充分收集的资料如下。

(1)地形地貌。查明地貌类型、成因、形态、规模及分布规律,分析地形地貌特征参数,如坡度、地形起伏度、地形切割深度等。

(2)工程地质。查明地层的颗粒组成、结构构造、密实度和湿度及其物理力学性质。调查技术要求按照《土工试验方法标准》(GB/T 50123—2019)执行。

(3)水文与水文地质。水文调查内容包括评价区主要河流的流域面积、径流量、水位等,水库、湖泊的蓄水量、水位等。水文地质调查的主要任务是查明含水岩组空间结构、渗透系数、水位埋深、地下水补给、径流、排泄条件、地下水动态变化特征、水化学特征、开发利用现状等。调查技术要求按照《水文地质调查规范(1∶50 000)》(DZ/T 0282—2015)执行。

(4)特殊土。主要对液化土、软土、膨胀土和湿陷性黄土等特殊土开展调查。液化土调查内容包括液化土的性质、土的形成时代、粒径、饱和度、埋藏条件、厚度和排水条件等。软土调查内容包括软土岩性、物质组成、成因类型、时代、厚度和分布规律等。膨胀土调查内容包括膨胀土的岩性、结构、矿物成分、成因类型、形成时代、土层厚度、裂隙发育状况和分布规律等。湿陷性黄土调查内容包括湿陷性黄土的地层结构、厚度与分布、湿陷程度等。

(5)不良地质作用和地质灾害。主要对地面塌陷、地面沉降等典型地质灾害类型开展调查。对地面塌陷,应调查发育分布特征、成因类型和诱发因素等,调查技术要求按照《城乡规划工程地质勘察规范》(CJJ 57—2012)执行;对地面沉降,应调查地质条件、分布特征和诱发因素等,调查技术要求按照《地面沉降调查与监测规范》(DZ/T 0283—2015)执行;对崩塌、滑坡、泥石流调查的地质条件、分布特征和诱发因素等,应开展易发性及危险性评价,调查技术要求按照《地质灾害危险性评估规范》(GB/T 40112—2021)执行。

(6)活动断裂。对活动断裂,应调查活动断裂的空间展布、力学性质、活动性及影响范围等,调查技术要求按照《城市地质调查规范》(DZ/T 0306—2017)执行。

2.2.3 评估单元及指标体系

1. 评估单元

评估时应划分评估单元格,评估单元格宜采用正方格。

(1)地下空间总体规划阶段地质评估。全市层面评估单元格边长建议为1km,分区层面评估单元格边长可选500m。

(2)地下空间详细规划阶段地质评估。一般地区评估单元格边长为200m,特定地区评估单元格边长为20~50m。

2. 评估指标体系

评估指标体系由基础性地质条件和控制性地质条件构成。

其中,控制性地质条件主要包含生态环境敏感条件、重要地下资源埋藏区及既有建(构)筑物占用区,根据现状分布、规模大小、评估深度及影响程度,可直接划定为地下空间禁建区,该区不参与地质适宜性评价。

对具体评估指标,应在查明评估区具体地质环境特点的基础上,根据评估目标需求设计相应评价指标体系。如采用多目标线性加权函数评价法评价时,评价指标体系可由一级评价因子层和二级评价因子层组成。相关指标选取建议可参考表2-2。

3. 评估指标分级与量化

评价指标量化是整个评价系统的关键,量化需反映出指标的特征、影响方式。指标选取与量化是整个评判模型的基础。

表 2-2　评估指标体系建议表

指标类型	一级指标	二级指标(建议)
基础性地质条件	地形地貌	地形形态；地面坡度
	工程地质	岩土体类型；土层均匀性；人工填土厚度；地基承载力
	水文地质	承压水顶板埋藏深度；潜水或上层滞水埋藏深度；地下水水位年变幅；水土腐蚀性；渗透系数
	特殊土	液化土；软土；膨胀土；湿陷性黄土
	不良地质作用和地质灾害	崩塌、滑坡、泥石流；地面塌陷；地面沉降；隐伏岩溶
	活动断裂	地震液化；距活动断裂水平距离；活动速率
控制性地质条件	区域稳定性	活动断裂
	环境敏感区	地下型饮用水水源地；行洪、泄洪区
	地质遗迹区	古建筑等文物保护；古墓群；遗址遗迹
	地下资源区	地热能；矿产资源；重要建筑材料
	既有地下结构	现状建筑地下结构基础；地下建(构)筑物及设施

注：表中未列入而确需列入的指标，在不影响评估指标系统性及完整性前提下可建立相应评价指标体系，相应评估指标定量标准应当依据有关国家和行业规范、标准及地区经验确定。

为了实现适宜性评价指标的科学量化，必须建立合理的评价指标分级标准。结合《城乡规划工程地质勘察规范》(CJJ 57—2012)、相关岩土工程勘察规范《岩土工程勘察规范(2009年版)》(GB 50021—2001)等、城市地质调查相关规范《城市地质调查规范》(DZ/T 0306—2017)及地下空间适宜性评价研究成果，表 2-3 列出了地下空间资源地质适宜性评估常见指标及其对应的分级及量化标准。表中数据及其判据是参考了国家及行业相关标准综合得到的分级标准，不同城市及评估区可结合自身特点有针对性地选择相关评价指标，并对评价标准进行细化分级，以实现精细化评估的目的。

4. 评估指标权重确定

由于每个评价指标所体现的内容各不相同，因此它们对最终评价结果的贡献和影响也存在差别。权重通过某种数量形式反映了评价指标在整体评价中的相对重要程度，对最终结果影响越大的指标，其权重值也就越大。目前，常用的权重确定方法有主观赋权法、客观赋权法、组合赋权法等，包含的权重计算方法有层次分析法(analytic hierarchy process，简称 AHP 法)、熵值法、因子分析法、主成分法、优序图法、CRITIC 权重法等。

AHP 法作为一种定性和定量结合的权重计算方法，将复杂的评价过程数学化，不仅充分考虑决策者的主观判断，而且将评价对象视为一个系统，逐层次地分解系统内各因素之间的联系，并通过层次结构的形式加以展现，最后逐层进行分析、评价。AHP 法尤其适用于多层次、多指标的复杂综合评价问题，与地下空间资源地质评估的逻辑关系非常契合，在地下

表 2-3 评价指标分级及量化标准

一级指标	二级指标	可选择的评价因子	不适宜（Ⅳ级）	适宜性差（Ⅲ级）	较适宜（Ⅱ级）	适宜（Ⅰ级）	划分依据
地形地貌	地形形态	地貌类型	中山	低山	丘陵	平原	按照地形图中的DEM数据测算
	地面坡度	地面坡度 $i/\%$	$i \geq 50$	$25 \leq i < 50$	$10 \leq i < 25$	$i < 10$	
工程地质	地基土	地基承载力 f_{ak}/kPa	$f_{ak} \leq 80$	$80 < f_{ak} \leq 150$	$150 < f_{ak} \leq 200$	$f_{ak} > 200$	《工程岩体分级标准》(GB/T 50218—2014)
	岩质围岩	岩体基本质量指标 BQ	$BQ \leq 150$	$150 < BQ \leq 250$	$250 < BQ \leq 350$	$BQ > 350$	
	地层均匀性	地层结构组成	各层岩性、软硬程度差异大或存在厚度较大的不良土体	各层岩性、软硬程度有一定差异	各层岩性、软硬程度差异较大	单层结构或各层岩性、软硬程度差异很小	
水文地质	地下水埋深	地下水位深 d_w/m	$d_w \leq 1.0$	$1.0 < d_w \leq 3.0$	$3.0 < d_w \leq 6.0$	$d_w > 6.0$	《岩土工程勘察规范（2009年版）》(GB 50021—2001)
	水土腐蚀性	水土腐蚀性	强	中	弱	微	
	地下水富水性	单井涌水量 $q/(m^3 \cdot d^{-1})$	$q > 5000$	$1000 < q \leq 5000$	$100 < q \leq 1000$	$q \leq 100$	
	地下水波动	年平均水位变幅 $\Delta h/m$	$\Delta h > 2.0$	$1.0 < \Delta h \leq 2.0$	$0.5 < \Delta h \leq 1.0$	$\Delta h \leq 0.5$	
特殊土	液化土	液化指数 I_{lE}	$I_{lE} > 18$	$6 < I_{lE} \leq 18$	$0 < I_{lE} \leq 6$		判别深度20m范围；《岩土工程勘察规范（2009年版）》(GB 50021—2001)和《建筑工程抗震设防分类标准》(GB 50223—2008)
	软土	厚度 M/m	$M > 15$	$6 < M \leq 15$	$3 < M \leq 6$	$M \leq 3$	《岩土工程勘察规范（2009年版）》(GB 50021—2001)及地方、行业标准

续表2-3

一级指标	二级指标	可选择的评价因子	不适宜(Ⅳ级)	适宜性差(Ⅲ级)	较适宜(Ⅱ级)	适宜(Ⅰ级)	划分依据
			$u \leq 3$	$3 < u \leq 6$	$6 < u \leq 8$	$8 < u \leq 10$	
特殊土	湿陷性土	总湿陷量 Δs/mm	$\Delta s > 600, h > 3$	$300 < \Delta s \leq 600, h > 3$ 或 $300 < \Delta s \leq 600, h \leq 3$	$50 < \Delta s \leq 300, h \leq 3$		《岩土工程勘察规范(2009年版)》(GB 50021—2001)(适用于除黄土以外的湿陷性土);湿陷性黄土执行《建筑工程抗震设防分类标准》(GB 50223—2008)
		湿陷性土厚度 h/m					
	膨胀土	胀缩等级	Ⅲ	Ⅱ	Ⅰ		《岩土工程勘察规范(2009年版)》(GB 50021—2001);膨胀土地区建筑技术规范》(GB 50112—2013)
不良地质作用与地质灾害	地面塌陷	地面塌陷易发性	高易发	中易发	低易发	不易发	《城乡规划工程地质勘察规范》(CJJ 57—2012)
	隐伏岩溶	岩溶发育程度	强	较强	较弱	弱	《地质灾害危险性评估规范》(DZ/T 0286—2015)
		覆盖层厚度 h_s/m	$h_s \leq 5$	$5 < h_s \leq 10$	$10 < h_s \leq 30$	$h_s > 30$	
	地面沉降	累计沉降量 s/mm	$s > 1600$	$800 < s \leq 1600$	$300 < s \leq 800$	$s \leq 300$	《地质灾害危险性评估规范》(GB/T 40112—2021)
		近5年平均沉降速率 v_s/(mm·a^{-1})	$v_s > 50$	$30 < v_s \leq 50$	$10 < v_s \leq 30$	$v_s \leq 10$	
	滑坡、崩塌、泥石流	整体稳定性	不稳定	稳定性差	基本稳定	稳定	
活动断裂与地震效应		与活动断裂水平距离 L/m	$L \leq 100$	$100 < L \leq 200$	$200 < L \leq 400$	$L > 400$	《地下结构抗震设计标准》(GB/T 51336—2018)
		断裂活动性	强烈全新活动断裂	微弱、中等全新活动断裂	非全新活动断裂	无影响	

注:(1)表中评价指标及分级标准可根据不同城市及评估区结合自身地质环境特点进行有针对性调整,以实现地下空间资源地质精细化评估的目的。
(2)具体分值取值可结合判断标准按照插值方法进行。

空间适宜性评价的实践中得到了广泛的应用。

AHP法大体步骤主要包括4步。第一步构建层次结构模型,第二步构建判断矩阵,第三步层次单排序及其一致性检验(即对指标定权),第四步层次总排序及其一致性检验,具体流程见图2-3。

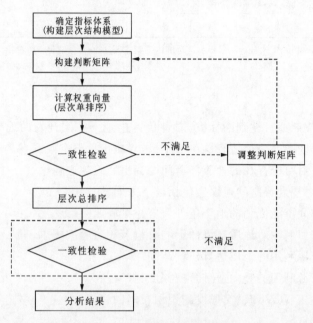

图2-3 AHP层次分析流程

可查看其他文献资料了解AHP法具体的计算过程及相关表格。需要注意的是,多目标线性加权函数评价法的一级评价因子权重之和与隶属于各个一级评价因子下的二级评价因子的权重之和应均为1。

2.2.4 评估方法及综合评价

1. 评估方法

依据评估地区的地质环境背景条件,选取合适的评估指标,由专家对各评估指标打分,利用GIS平台对各评估指标属性赋值并转化为栅格图件,栅格大小应与评估单元大小一致。

按照不同深度分层,在每一分层深度内确定相应的指标权重。采用多目标线性加权函数评价法,按公式(2-1)计算每个地质单元的地质适宜性指数I_S,并按照分级标准判定适宜性等级。

$$I_S = \sum_{i=1}^{m} \omega_i \left(\sum_{j=1}^{n} \omega_{ij} u_{ij} \right) \tag{2-1}$$

式中:I_S为适宜性指数;m为一级评价因子个数;ω_i为第i项一级评价因子权重;n为隶属于第i项一级评价因子的二级评价因子个数;ω_{ij}为隶属于第i项一级评价因子下的第j项二级

评价因子的权重；u_{ij} 为二级评价因子的赋值。

根据适宜性指数 I_S 值，按表 2-4 判定地下空间资源地质适宜性等级。

表 2-4 地下空间资源地质适宜性评估判断标准

适宜性等级	不适宜（Ⅳ级）	适宜性差（Ⅲ级）	较适宜（Ⅱ级）	适宜（Ⅰ级）
I_S	$I_S \leqslant 3$	$3 < I_S \leqslant 6$	$6 < I_S \leqslant 8$	$8 < I_S \leqslant 10$

注：其中活动断裂两侧 30m 内、水源地一级保护区范围内等禁建区，应在评估成果中单独标注。

2. 综合评价

综合评价是指按照适宜性判断标准，对评价区内地下空间开发的地质适宜性进行等级划分，形成适宜性分区图。根据适宜性评价结果，对城市地下空间开发的优化布局提出合理可行的建议，同时针对可能存在的地质环境问题提出风险规避建议。

地质评估结果对规划编制的建议应包括以下方面。

(1) 影响地下空间资源规划的地质条件及应对措施。

(2) 地下空间资源利用对地质环境的影响分析及相应管控要求。

(3) 地下空间资源利用的地质适宜建设范围。

(4) 地下空间资源利用的竖向适宜管控深度。

(5) 对地下线性工程及市政、交通设施规划布局的建议。

2.2.5 成果报告及图件要求

1. 报告编写

成果提交内容应包括评估报告及系列图件。

评估报告应包括评估区自然地理与地质概况、影响地下空间资源保护利用的地质因素分析、地下空间资源地质评估、对地下空间资源保护和利用规划的建议。

系列图件应包括基础图件和综合评估图。

2. 图件要求

底图宜采用现状地形图，比例尺不宜小于规划精度。

图件宜最大限度，以最佳形式反映评估结果。图件色调、线条清晰美观，图例齐全，对于需特殊强调的内容宜采用醒目的颜色或符号夸大表示。评估成果宜采用二维 GIS 结合三维地质建模平台反映。

图件类型包括基础图件及综合评估图。

基础图件应包括以下内容：①区域地质图；②地形地貌图；③水文地质图；④第四纪地质图；⑤钻孔柱状图；⑥岩土体结构横纵剖面图。

综合评估图应包括以下内容：①地质条件单指标分区图；②地质条件复杂程度分区图；

③控制性地质条件影响程度分区图;④地下空间资源地质适宜性分区图;⑤其他需单独列出的评估图件。

2.3 城市地下空间开发需求预测分析

2.3.1 城市地下空间开发需求预测基本规定

(1)城市地下空间开发需求分析可分为总体规划与详细规划2个层次。

(2)在总体规划阶段,城市地下空间开发需求分析应结合规划期内城市地下空间利用的目标,对城市地下空间利用的范围、总体规模、分区结构、主导功能等进行分析和预测,明确城市地下空间利用的主导方针。

(3)在详细规划阶段,城市地下空间开发需求分析工作应对规划期内所在片区城市地下空间利用的规模、功能配比、利用深度及层数等进行分析和预测。

(4)城市地下空间总体规划需求分析应依据规划区的地下空间资源评估结果,综合规划人口、用地条件、社会经济发展水平等要素确定。

(5)城市地下空间详细规划需求分析应综合考虑所在片区的规划定位、土地利用、地下交通设施、生态环境与文化遗产保护要求等要素。

(6)城市地下空间详细规划需求分析应结合土地利用及相关条件,明确地下交通设施、地下商业服务业设施、地下市政场站、地下综合管廊和其他地下各类设施的规模与所占比例。

2.3.2 城市地下空间开发需求预测基本原则

1. 协调性原则

城市地下空间是城市空间的重要组成部分,其开发利用应努力实现地下空间与地面空间在规模上协调、在功能上互补、在形态上整合、在环境上和谐。地下空间开发利用应注意将开发与保护相结合,将地下空间自身安全与防灾功能相结合,将科技与文化艺术相结合,努力实现地下空间适度有序和可持续发展。

2. 可操作性原则

城市地下空间开发需求预测的目的是解决地下空间规划编制过程中功能与建设量的问题,预测方法应适应规划编制的业务需要,选取的指标应具有较强的确定性和边界,预测所需的数据和其他资料应较容易获取,注重需求预测理论与方法的可操作性和实用性。

3. 适应性原则

地下功能类型设施的种类繁多,在进行地下空间开发规模预测时,有些设施能够进行量化预测,有些设施不易进行量化预测,有些地下设施系统本身已有相关的专项规划。因此,地下空间的需求预测应根据实际进行分类处理,针对不同的需求采取与之相适应的理论和方法。

2.3.3 城市地下空间开发需求预测内容

城市地下空间开发需求分析可分为总体规划和详细规划2个层次具体展开。

在总体规划阶段,应对城市地下空间利用的范围、总体规模、分区结构、主导功能等进行分析和预测,明确城市地下空间利用的主导方针。总体规划阶段的需求预测应依据规划区的地下空间资源评估结果,综合规划人口、用地条件和经济发展水平要素确定。

在详细规划阶段,城市地下空间开发需求分析工作应对规划期内所在片区城市地下空间利用的规模、功能配比、利用深度及层数等进行分析和预测。城市地下空间详细规划需求分析应统筹规划定位、土地利用、地下交通设施、市政公用设施、生态环境与文化遗产保护要求等要素,充分结合土地利用及相关条件,明确地下交通设施、地下商业服务设施、地下市政场站、地下综合管廊和其他地下各类设施的规模与所占比例。

地下空间的需求预测包括对地下空间开发利用功能类型、开发量和建设时序的预测,具体如下。

(1)根据城市发展对空间的需求,分析部分城市功能和设施地下化转移的必要性,进而对需要开发的地下空间功能类型进行预测。

(2)根据城市经济社会的发展现状及规划情况确定地下空间的开发时序。

(3)根据地下空间功能类型的预测分析,区别不同的规划范围、层次与设计深度,适当地分层次、分区位、分系统预测不同时期的地下空间资源开发量。

2.3.4 城市地下空间开发需求预测方法

目前,国内外的城市地下空间开发需求预测方法主要有以下几类。

1. 功能需求预测法

功能需求预测法是指根据地下空间使用的功能类型进行分类。首先从大的功能方面将地下空间划分为四大类,再对这些功能进行细分,然后根据不同类型地下空间功能分别进行量的确定和预测,汇总得出地下空间需求规模,最后根据城市发展需要确定其地下空间总的规划量,如图2-4所示。

2. 建设强度预测法

建设强度预测法是指通过地面规划强度来计算城市地下空间的需求量,即上位规划和建设要素影响、制约着地下空间开发的规模与强度,将用地区位、地面容积率、规划容量等规划指标归纳为主要影响因素,在此基础上,将城市规划范围内的建设用地划分为若干地下空间开发层次进行需求规模的预测,剔除规划期内保留的用地,确定各层次内建设用地的新增地下空间容量,汇总后得出城市总体地下空间需求量。其预测技术流程见图2-5。

2 城市地下空间资源评估与需求预测

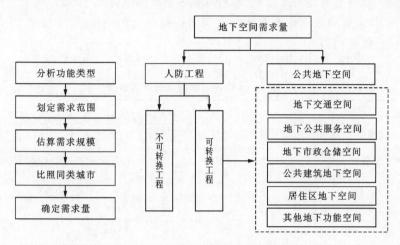

图 2-4 功能需求预测法技术流程

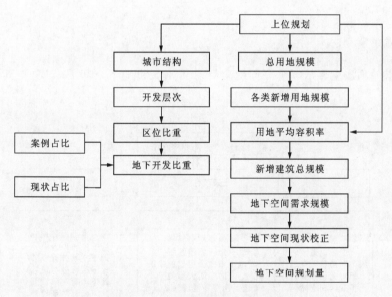

图 2-5 建设强度预测法技术流程

3. 人均需求预测法

人均需求预测法一般分为：①地下空间开发的人均指标；②人均规划用地指标。从城市规划用地的人均指标着手，将人均用地指标分为人均居住用地、人均公建用地、人均绿化用地、人均道路广场用地等，在此基础上相加，得到人均生活居住用地面积。根据城市总体规划中城市生活居住用地占城市用地的比例，推算人均总用地量，结合规划人口规模，估算出城市规划人口生活用地总需求量。

由《2022中国城市地下空间发展蓝皮书》列出的对北京、上海、广州等40个城市地下空间开发的调研统计可知，样本城市中人均地下空间规模平均值为 $4.96m^2/人$。根据不同城市的人口、社会、经济发展等指标及差异,通过收集整理国内近40个城市地下空间建设规模数据及指标等,目前可将城市地下空间开发利用规模分为3个等级,可按表2-5进行人均地下空间需求指标的预测。

表2-5 人均需求预测参数建议值表

评价指标	第一层级	第二层级	第三层级
人均地下空间规模	≥4.5m^2/人	3.5~4.5m^2/人	≤3.5m^2/人
建成区地下开发强度	≥8万$m^2 \cdot km^{-2}$	5~8万$m^2 \cdot km^{-2}$	≤5万$m^2 \cdot km^{-2}$
地下综合利用率	≥10%	8%~10%	≤8%
地下空间社会主导化率	≥60%	50%~60%	≤50%
机动车停车地下化率	≥40%	20%~40%	≤20%
代表性城市	上海、北京、广州、深圳	宁波、青岛	昆山、海宁等县级市

4. 综合需求预测法

综合需求预测法主要从3个方面综合计算得出城市地下空间需求规模,其预测流程如图2-6所示。

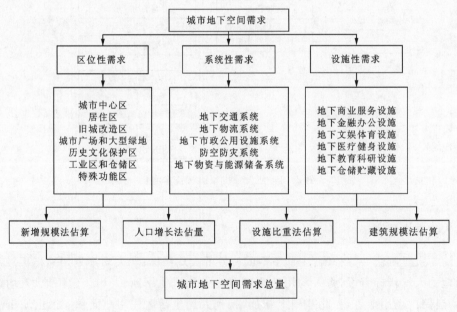

图2-6 综合需求预测法流程

第一类是区位性需求,包括城市中心区、居住区、旧城改造区、城市广场和大型绿地、历史文化保护区、工业区和仓储区,以及各种特殊功能区。

第二类为系统性需求,有地下动态和静态交通系统、物流系统、市政公用设施系统、防空防灾系统、物资与能源储备系统等。

第三类为设施性需求,包括各类地下公共设施,如商业、金融办公、文娱体育、医疗健身、教育科研等机构的大型建筑,以及各种类型的地下贮库等。

在功能性需求分析的基础上,依据需求定位,对城市各类用地进行梳理、归类,结合城市建设容量控制计算规划期内新增地下空间需求规模,汇总计算得出地下空间需求总量。

5. 层次分析预测法

层次分析预测法的技术流程如图 2-7 所示,主要步骤如下。

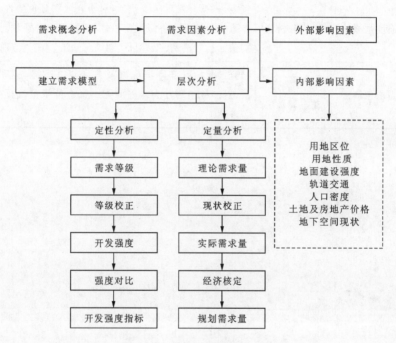

图 2-7 层次分析法技术流程

(1) 在确定城市地下空间需求总体目标后,对影响城市地下空间需求的因素进行分类,根据各类影响因素深度和影响关系,确定若干个影响要素,建立一个或多个层次结构。

(2) 比较同一层次中地下空间需求影响因素与上一层次的同一个因素的相对重要性,构造成比较矩阵。

(3) 通过城市规划,同类城市地下空间现状规模、需求规模等指标的比照,确定不同区位、层次、用地类型的地下空间开发强度控制指标。

(4) 通过计算,检验需求模型的一致性,并根据地下空间需求的其他影响要素对需求模型进行校正,得出比较科学的地下空间需求规模。

综合以上分析,不同地下空间需求预测方法及其特点如表 2-6 所示。

表2-6 不同地下空间需求预测方法及其特点

序号	预测方法	主要手段	特点及局限
1	人均需求预测法	参照类比	特点:参照其他城市人均地下空间参数,结合本研究区社会经济条件,考虑总人口得出总的规模。局限性:参照指标选取具有主观性,人口预测的数值也是一个估测值,尽管计算方便,但不确定性因素多,也不能得到各子地区的需求量
2	功能需求预测法	动态调衡法	特点:根据地上的开发功能、规模来确定地下的功能、规模,考虑了地上空间与地下空间的协同关系。局限性:忽略了不同地区之间的关系
3	建设强度预测法	层析分析法	特点:根据开发现状及规划,对研究区划分重要性等级,再利用专家打分给每个等级设定参数,按照层次分析法计算各等级区需求面积并求和。局限性:忽略了地上、地下空间的相互联系
4	综合需求预测法	参照类比 动态调衡法	结合预测地区实际情况以及各预测方法特点,采用定性的方法,对多种预测方法得出的需求量进行修正,选取一个科学的需求值

3 城市轨道交通规划与设计

随着我国社会经济发展的不断推进,城市化进程持续加快,居民交通出行需求显著提升。轨道交通由于具有运行时间准、绿色、高效、占地少等显著优点,已成为居民日常公共出行的首要选择,在我国大、中型城市公共交通系统中发挥着举足轻重的作用。截至2022年12月31日,31个省(区、市)和新疆生产建设兵团共有53个城市开通运营城市轨道交通线路,共计290条,运营里程9584km,车站共计5609座。其中,2022年新增城市轨道交通运营线路21条,新增运营里程847km。目前,我国城市轨道交通里程和规模已位居世界第一,正处于轨道交通有序和高速发展阶段。因此,在我国"交通强国战略"的政策引领下,积极开展轨道交通规划建设和研究工作,打造具有城市自身特色的综合性交通体系,探索适宜城市发展前景的公共交通模式,对推进城市高质量发展、提升居民生活品质具有积极的意义。

3.1 城市轨道交通规划内容及流程

3.1.1 城市轨道交通规划的目的及原则

城市轨道交通规划是城市交通规划的分支,目的是了解城市现有的交通形态和土地的使用状况,根据城市未来发展蓝图模拟反映城市未来交通发展状况,预测交通需求,设计科学合理的交通系统,既满足居民出行要求,又使资源得到合理配置,从而减少城市交通发展过程中的盲目性,按照城市的发展规律和市场经济规律规划城市交通未来的发展方向。

城市轨道交通规划是指在城市交通规划的基础上,科学分析客流发展趋势和不同交通方式在未来城市中的发展比例,同时结合城市的自然地理条件,合理规划路网,确定轨道交通发展规模并制定相应的实施对策以及交通政策,为城市轨道交通的发展铺画蓝图。

城市轨道交通规划与城市其他交通方式的规划是一个有机整体,它们是互补互利的关系,缺一不可。只有各种交通方式合理分工、协调发展,整个城市的交通发展才能步入良性循环的轨道。因此,城市轨道交通规划必须建立在以下各项原则的基础之上,如可持续发展原则、协同性原则、整体性原则、动态性原则、可操作性原则、经济性原则等。

3.1.2 城市轨道交通规划的工作流程及内容

城市轨道交通规划流程如图3-1所示。

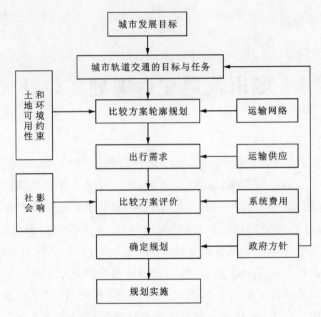

图 3-1 城市轨道交通规划流程

城市轨道交通规划的工作内容具体包括如下方面。

1. 社会经济调查

社会经济调查的目的是针对交通规划的要求对指定范围的社会经济状况进行全面了解，详尽收集资料，通过分析和整理以供规划中使用。社会经济调查内容涉及面广，大致可分为以下几类。

(1) 城市自然条件、自然资源方面的资料。包括地理位置，与周围区域自然环境的关系，地下矿产、能源、水、气候、土地、生物等自然资源的数量、质量、分布和利用价值以及历史文物与名胜古迹等。

(2) 城市经济与社会方面的资料。包括人口状况（如总人口、年龄组成、职业组成、密度分布、出行习惯等）、用地状况（如各类用地所占百分比、建筑密度、居住现状等）、城市经济结构、经济规模和经济规划等。

(3) 城市环境资料。包括环境质量和环境污染状况以及环境治理情况等。

(4) 城市交通资料。包括道路网现状、对外交通现状、各种交通运输方式发展现状与发展趋势、城市交通规划等。

2. 土地使用规划

土地使用规划的目的是合理有效地使用有限的土地，以满足城市必需的环境空间和活动需要。城市交通规划是关于城市活动中人和物流动的规划，交通规划必须和土地使用规划协调运作，才能保证在土地合理使用的前提下构建符合城市经济发展的轨道交通网络。

3. 出行需求的分析与预测

城市轨道交通规划中出行需求的分析与预测常采用国际通行的四阶段法,建立出行生成模型、出行吸引模型、出行分布模型和出行分配模型并进行分析和预测。

4. 轨道交通系统的规划和评价

考虑城市土地使用状况,以居民出行预测结果为基础,规划城市轨道交通网络。在研究轨道交通网络合理结构时,应考虑的因素有:①主要出行方向和主要出行路径;②用最少的里程连接最多的客流集散点;③城市的主要出入口;④开发潜力最大的地区;⑤分散换乘点和减少换乘次数;⑥与道路公共交通的配合与衔接。具体而言,轨道交通系统的规划涉及路线规划、站点设置和环境保护等方面的内容。

3.2 城市轨道交通客流预测

轨道交通作为一种高品质的交通形式,其建设同时兼有综合性强、涉及范围广、规划年限长、耗资庞大等特点。为避免建设资源的浪费,建设前,以科学合理、精确度较高的客流预测为主要手段,优选出客流效益较高的线网规划方案十分关键。客流预测是城市轨道交通线网规划的基础工作,客流量大小及客流方向也极大地影响着城市轨道交通的制式选择、方案布局决策、车站或换乘站选址等。

3.2.1 不同规划阶段客流预测的主要任务

1. 线网规划阶段

线网规划阶段客流预测年限应与线网规划的年限一致。
线网规划阶段客流预测内容应包括城市交通需求预测和线网比选方案客流预测。
城市交通需求预测应包括:出行总量、出行时空分布;有无轨道交通对出行方式构成和出行时间构成的影响,以及对道路网络负荷、车公里数、车小时数、平均运行速度的影响。
线网比选方案客流预测应包括下列内容。
(1)预测各比选方案的轨道交通出行总量、出行分担率,以及日客流量、负荷强度、平均乘距、换乘客流量和换乘系数。
(2)推荐方案各线路平均运距、负荷强度、全日及高峰小时客流量、高峰小时单向最大断面客流量。

2. 建设规划阶段

建设规划阶段的比选方案客流预测年限应为建设规划的末期年,推荐方案线网客流预测年限应为建设规划的末期年和远景年,推荐方案中安排建设的各线路客流预测年限应包含初期、近期和远期,初期为建成通车后第3年,近期为第10年,远期为第25年。

建设规划阶段客流预测应包括下列内容。

(1)城市交通需求预测内容包括且不仅限于线网规划阶段的内容。

(2)线网比选方案的客流量、负荷强度、换乘系数、平均乘距、公共交通在全方式中的出行分担率、轨道交通在公共交通中的出行分担率等。

(3)推荐方案各线路平均运距、全日及高峰小时客流量、换乘客流量、高峰小时单向最大断面客流量。

(4)客流敏感性分析。包括人口规模、交通政策、土地开发时序和进程、票制票价方案、发车间隔因素变化对客流的影响。

3. 工程可行性研究阶段

工程可行性研究阶段客流预测年限应含初期、近期和远景。

工程可行性研究阶段客流预测应包括下列内容。

(1)城市交通需求预测。包括交通出行总量、出行时空分布、交通方式结构等。

(2)线网客流预测。包括远期线网客流量、负荷强度、平均乘距、换乘客流量和换乘系数,远期各线路客流量、负荷强度、平均运距、高峰小时单向最大断面客流量。

(3)线路客流预测。包括开通年至远景年客流成长曲线,初期、近期和远期全日及早、晚高峰小时的客流量、客流周转量、换乘客流量、平均运距、单向最大断面客流量、负荷强度、客流时段分布曲线、日各级运距的客流量。线路的客流高峰不出现在早、晚高峰时段时,应预测分析该线路高峰客流出现时段及线路客流指标。

(4)车站客流预测。包括三期全日及早、晚高峰小时各车站乘降客流量、站间断面客流量、换乘站分方向换乘客流量。车站的客流高峰不出现在早、晚高峰时段时,应预测分析该车站高峰客流出现时段及车站乘降客流。

(5)站间(origin and destination,OD)预测。包括初期、近期和远期各站点全日及高峰小时站间OD矩阵及分区域OD。

(6)客流敏感性分析。根据初期和远期不同影响因素,给出全日客流量及高峰小时单向最大断面客流量的波动范围。

对城市轨道交通延长线的客流预测,应给出全线线路客流指标和本延长段的线路客流指标与车站客流指标。

4. 工程初步设计阶段

工程初步设计阶段客流预测年限应分为初期、近期和远期。

工程初步设计阶段客流预测应采用工程可行性研究阶段客流预测结果,除包括工程可行性研究阶段所有内容外,还应包括下列内容。

(1)换乘车站高峰小时出现时段及高峰小时分方向的换乘客流量。

(2)站点高峰小时出现时段及高峰小时分方向乘降客流量。

(3)全日及高峰小时站点各出入口进站客流量和出站客流量。

(4) 全日及高峰小时站点不同接驳交通方式进站客流量和出站客流量。

(5) 各出入口分方向的超高峰系数。

3.2.2 基础资料及数据准备

1. 基础资料及要求

(1) 城市基础数据应包括人口、就业岗位和就学及机动车数据,并应符合下列规定:①人口数据应包括常住人口和流动人口总量与分布数据,应区分常住人口和流动人口的出行特征;②就业岗位和就学数据应包括总量和分布数据;③机动车数据应包括分布型的机动车保有量和分布数据。

(2) 社会经济数据应包括地区生产总值和人均可支配收入数据。

(3) 基础年数据应使用统计部门等官方平台发布或提供的统计数据。

(4) 预测年数据应根据规划或通过现有数据预测得到。

2. 城市交通数据要求

(1) 城市交通数据应包括交通基础设施、现状交通需求和交通运行状况的数据。

(2) 基础年城市交通数据应采用 5 年内的城市交通综合调查或专项调查数据,预测年城市交通数据应根据规划或通过现有数据预测得到。

(3) 交通基础设施数据应包括城市道路交通网络、常规公共交通网络、轨道交通网络及对外交通枢纽,应采用地理信息系统数据格式建立和存储数据。其中,城市道路交通网络数据应包括城市支路及其以上所有等级道路和交叉口。常规公共交通和轨道交通网络应包括线路走向和车站位置信息。对外交通枢纽应包括枢纽分布和吞吐能力信息。

(4) 现状交通需求数据应包括不同的出行目的、出行方式、出行距离、出行空间和时间分布的出行量。

(5) 交通运行状况数据应包括城市道路、常规公共交通、城市轨道交通、出租汽车和对外交通枢纽的运行状况。

其中,城市道路运行状况应包括城市路网总体负荷水平、道路断面的流量和行驶速度信息。常规公共交通运行状况应包括日客运量、平均运距、行驶速度、发车班次及客流走廊的公共交通断面客流量信息。轨道交通运行状况应包括全网及各线路日客流量、日客运周转量、高峰小时单向最大断面客流量、平均运距、线路负荷强度、换乘系数及各线路行车间隔信息。出租汽车运行状况应包括日客运量、单车日服务车次、空驶率、次均载客人数、平均运距信息。对外交通枢纽运行状况应包括到发车次或班次、日客运吞吐量或到发量、旅客到发时间分布、集散交通方式构成信息。

3.2.3 预测模型构建原则

1. 模型构建原则

城市轨道交通客流预测应采用城市交通需求预测模型进行定量化的客流预测与分析评

价。城市轨道交通客流预测模型的交通小区系统应涵盖轨道交通线网规划范围。模型基础网络应包含现状及预测年的道路网络、公共交通网络和接驳换乘网络，并应满足下列要求。

(1)道路交通网络应由城市支路及其以上等级的道路构成，道路路段基本信息应包括道路等级、机动车车道数、通行能力、限速等参数，道路交叉口基本信息应包括允许的转向和优先转向等。

(2)公共交通网络应由常规公共交通和城市轨道交通的线路和站点构成，运营信息应包括发车班次、行车间隔、票制票价、车型或车辆编组等内容。

(3)接驳换乘网络应由接驳连接线和换乘连接线构成。

城市交通需求预测模型应具备对客流指标预测和影响因素敏感性分析的功能。

2. 模型标定与验证

模型标定应采用居民出行调查和其他交通调查数据，标定过程应反复进行，标定结果应符合城市现状交通出行特征。

1)模型主要参数的标定规则

模型主要参数的标定应符合下列规定。

(1)出行生成模型应反映不同特征年、不同群体、不同出行目的的出行强度特征。

(2)出行分布模型应反映不同特征年、不同出行目的、不同区域的平均出行距离分布特征。

(3)方式划分模型应反映不同群体和不同出行目的的方式选择行为，宜采用分层设计，应对分层合理性进行分析说明。

(4)出行综合成本函数应包括居民出行整个过程中各个环节的各项时间和货币成本，其中货币成本应按时间价值折算成时间成本，函数结果应以时间为单位。

2)模型验证的规则

模型验证应符合下列规定。

(1)基础年模型运算结果与实际公共交通客运量、道路核查线流量的误差应在15%以内。

(2)预测年模型运算结果应分析判断出相对基础年结果变化趋势的合理性。

(3)模型敏感性验证应分析判断出敏感性测试结果随预测年人口、社会经济数据、交通系统等输入数据的变化的合理性。

3.2.4　四阶段交通需求预测模型

1. 客流预测方法及技术流程

目前，城市轨道交通客流预测方法主要有定量预测法和定性预测法。现阶段，交通需求预测工作中应用最广泛的为四阶段法。

四阶段法以民众出行特征，即起讫点出行客流量调查数据，如出行时间、成本、舒适度为基础，统筹考虑各种交通运输方式，利用相应的数学模型将全部出行客流量在整个城市交通路网上进行合理分配,得到全部交通运输方式所承担的客流占比,进而计算出分配到所研究线网上的出行客流量。四阶段法客流预测的基本流程如图3-2所示。

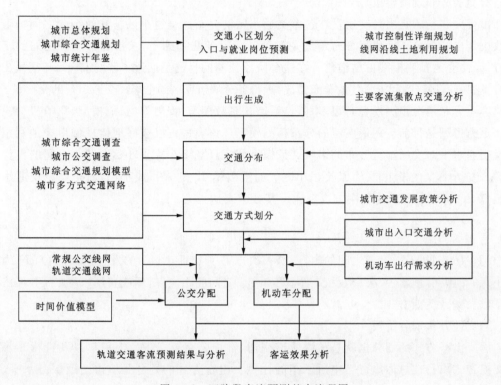

图3-2 四阶段客流预测基本流程图

2. 客流预测基本计算模型

1) 交通生成预测阶段

出行生成包含道路网络中各个节点的交通发生量和吸引量。对发生吸引量进行预测,首先应确定OD节点和路网,再分析对交通生成量造成影响的主要因素,然后经过统计分析等技术构建预测模型,得出预测值,最后经过对实际情况进行分析检验,判断预测结果的精准度。交通量生成的预测是客流预测工作中最基础的工作,目的是在掌握某城市未来社会经济发展规模、土地利用形式以及人口规模的条件下,求得各个小区出行发生量以及出行吸引量。交通生成预测模型代表有增长率模型、回归函数模型、交叉分类模型等。

交叉分类模型是美国公路局在1975年提出来的。我国使用该模型时,将土地利用强度指标、交通出行对象和交通出行目的分别分成 n_1、n_2、n_3 种类型,进行交叉分类后得到 $n_1 \times n_2 \times n_3 = n$ 种分类,通过对调查数据的分析,可以得到这 n 种分类的交通出行率 $\theta_i (i=1,2,3,\cdots,n)$。交叉分类模型的数学表达式为

$$y = \sum_{i=1}^{n} \theta_i \times M_i \tag{3-1}$$

式中：y 为交通出行生成量（人次）；θ_i 为第 i 类交叉分类的出行率（%）；M_i 为第 i 类交叉分类的参数变量（人次）；n 为交叉分类的总分类数。

2) 交通分布预测阶段

出行分布指的是出行交通量在各个交通小区的分布。交通小区与其他小区之间的阻抗函数决定出行量分布。出行分布预测是在第一阶段预测基础上，求得各个小区之间的交通出行量，使交通预测模型更加细化。在这个阶段预测的目的是通过了解城市规划年居民出行交通量在研究区域空间上具体的分布情况，求得各分块研究区间上居民交通出行的交换量。

客流分布情况预测模型有很多种，包括增长系数模型、重力模型、熵模型、竞争机会模型等。重力模型是目前应用最广泛的分布预测模型。该模型可以较好地体现城市土地利用状况及交通水平对交通出行分布的影响。该模型假定任意 2 个交通小区 i 和 j 之间的出行量 T_{ij} 与交通小区 i 的发生量 T_i 及交通小区 j 的吸引量 T_j 的乘积成正比，而与 2 个交通小区的距离 d（时间或费用）的幂次方成反比。其数学表达式为

$$T_{ij} = k \frac{T_i^{\alpha} T_j^{\beta}}{d^{\gamma}} \tag{3-2}$$

式中：T_{ij} 为交通小区 i 和 j 之间的出行量（人次）；T_i 为交通小区 i 的发生量（人次）；T_j 为交通小区 j 的吸引总量（人次）；d 为交通小区 i 和 j 之间的距离（时间或费用）；k 为社会经济修正系数；α、β、γ 为常数项。

3) 交通方式划分阶段

居民出行方式的划分也就是预测轨道交通、常规公交、小汽车、出租车以及自行车等这些交通方式出行在总体出行当中所承担的比例。出行方式的划分是该市交通服务水平（主要包含舒适性、安全性、费用、时间、可信赖度等指标）、综合交通发展决策、出行规律特性、出行主体特性（包括最大效益、最小费用等）的综合作用结果。

居民出行方式划分阶段的预测可以分为两大类，当把整个交通小区的数据资料作为预测基础时，应选用集计型预测模型；当以个人或者家庭调查数据作为预测基础时，可以使用非集计模型。现阶段集计型预测模型包含回归预测模型、转移曲线预测模型等。非集计模型又可称为离散性质模型，其建立的根据是效用最大化原理。

交通方式划分可以在规划过程的不同阶段进行，从而得出不同类型的交通方式划分模型。

Ⅰ类：与交通生成结合在一起，分别以不同的交通方式如轨道交通、普通公交、自行车、摩托车等建立生成模型，一般采用多元线性回归模型。

这种模型对预测新建轨道交通的客流量比较适用。因为随着轨道交通的建成，不仅分流了原来的客流，还会诱发新的客流。轨道交通的这个特点将在这种模型中体现出来。

Ⅱ类：在交通生成和交通分布之间研究方式划分模型。一般可采用转移曲线法，针对某个土地使用变量（如人均经济收入）而画出某种交通方式使用比例的经验曲线。

这种模型对新建轨道交通或轨道交通网不完善的城市不太适用。因为轨道交通网不完善，在出行终点未确定时，无法知道出行起终点之间有无轨道交通可乘，就更谈不上选择轨道交通方式了。

Ⅲ类：与交通分布结合在一起。此时将交通方式划分作为出行分布的组成部分，仍可用

重力模型计算分布量,其计算式为

$$T_{ijm} = P_i \frac{A_i \cdot T_{ijm}}{\sum_j \sum_m A_j \cdot F_{ijm}} \quad (3-3)$$

式中:T_{ijm}为交通分区i和j之间第m种方式的分布量(人次);P_i、A_j为产生量和吸引量(人次);F_{ijm}为分区i和j之间第m种方式的阻抗系数。

这种模型能充分考虑轨道交通对出行分布的影响。这种影响在F_{ijm}中体现出来,故适用于轨道交通客流预测。

Ⅳ类:在交通分布与交通分配之间进行方式划分,可采用非集计分析法。这是建立在个人对交通工具选择的行为上的,以不同交通方式的效用差异决定选择依据,并以概率的形式预测方式划分。

$$P_{mk} = \frac{e^{V_{mk}}}{\sum_j e^{V_{mk}}} \quad (3-4)$$

式中:P_{mk}为第k个人使用方式m的概率;V_{mk}为第k个人使用方式m的效用,一般为出行时间t、费用c、舒适度s的函数,$V_{mk} = \alpha \cdot t_{mk} + \beta \cdot c_{mk} + \gamma \cdot s_{mk}$。

这种模型具有样本量小、时间和地区转移性强、精度高等优点,但其参数标定比较困难。轨道交通的客流预测可采用此模型。

4) 交通量分配阶段

交通量的分配是客流量预测的关键环节,也是比较复杂的阶段,就是把已得到的 OD 量参照一定原则分派到交通路网中,分别求得每条道路上的分配交通量,分析不同线路和站点的负荷水平。交通量的分配结果可以作为线网设计的可行性依据。

轨道交通客流分配任务是指把上一个阶段得到的各小区的客流量在规划的轨道交通线网方案上进行分配,求得轨道交通系统所负载的客流量,进而求得在指定的轨道交通线网方案的各站点的站间 OD、乘降量、断面客流量等一系列客运指标,为轨道交通线网的设计模式提供直接的数据支持。

目前较常用的分配模型有最短路径分配模型、容量限制分配模型、多路径概率分配模型等。

(1) 最短路径分配模型的原理是以距离最短或行程时间最少或运费最低为标准,在路网中所有 OD 交通量均通过最短行程线路,比如任意 2 个交通小区若有 2 条线路可供选择,则在最短的一条路上分配全部 OD 交通量。常用的算法有 Dijkstra 算法和 Ford 算法。它的缺陷是网络线路没有交通流量限制。

(2) 容量限制分配模型弥补了最短路径分配模型的上述缺点。该模型认为路网上任一路径的出行费用都受通行能力的限制和影响,当交通量接近或超过道路通行能力时,其出行费用会急剧增加,从而动态地进行交通量分配。

(3) 多路径概率分配模型基于以下假设:对于路网上任一确定的路径,其出行费用是稳定的,出行者所掌握的路网信息是不完整的,但总是选择最短路径出行。该模型将流量按不同比例分配到连接 2 个小区的诸多路径上,对复杂的路网分配尤其有效。

由此可见,客流量预测是一项费时、费力的工作,而且预测方法也在不断发展变化,因此就要求在实践的基础上不断探索和完善符合我国城市特色的预测理论和方法,为城市轨道交通建设项目的投资和决策提供可靠的依据。

3. 主要预测指标及内容

通过上述 4 个阶段的分析计算,可得如下技术参数和指标供线网规划阶段使用。

1) 全线客流

全线客流指标包含全日客流量、各个小时段内客流量及其所占比例、客流负载强度、平均运距等。

全日客流量是判断轨道交通的运营效益最为直接的依据,也是评价线网负载强度的主要数据指标;各个小时段内客流量及其所占比例为每日行车计划提供参考依据,在保证服务水平前提下,对行车间隔进行科学的安排,可以提高载客率和营运收益;平均客流量负载强度是衡量客运收益的重要依据,将全日客流量分配到整个轨道线网,可以使不同长度的线路进行对比,这有助于对客运效率进行定性研究。

2) 车站客流

车站客流指标包含高峰小时以及全日上下车客流量、超高峰系数与断面流量。高峰小时站间最大断面是用来确定轨道交通体系运输规模的基础,可依照此数据选择行车密度、车型、站台长度、交通制式等。

全线的高峰小时站间断面客流量是线网营运设计的基础数据,可以此确定区间折返车辆数、配线形式,设定车辆配置数。每个车站的高峰小时上下车乘客量是确定此车站入口的宽窄、站台的宽度、售票机的数量以及扶梯的宽度等的基础数据。除此以外,还应计算出入每个车站的客流采用的各类交通方式的比例,以此计算车站周围停车用地。

3) 分流客流

分流客流指标主要包含平均运距、每级运距客流量、站间 OD 客流量。可依据这些数据统计分段客流量,设定票价票制,进行运营成本与轨道交通建设投资的一些财务分析,以轨道交通的社会经济价值评价轨道交通的建设效益。

OD 客流量指标主要包含高峰小时站间 OD 表、全日站间 OD 表。对跨区域线路,进行区间 OD 客流量预测,分析客流量特性有助于行车设计;每个级别运距的全日客流数,是评价客流效益、设定票价的主要依据,按照车站的平均运距,可以进行分级别乘客量预测;全日及高峰小时平均运距指标反映客流的综合特性,通常平均运距是全网线长的 1/3 到 1/4,如遇特殊情况需要另外进行分析处理。

4) 换乘客流

换乘客流指的是全日及高峰小时各个换乘车站的分向换乘客流。这类数据主要用来评价客流方向,为针对乘客的不同换乘形式设计换乘通道提供参考。

5) 出入口的分向客流

依据每个车站进行出口和入口的定位,预测各个出口和入口分方向的客流量且研究其变化波动规律,依此来设定各个出口和入口的宽度等。

3.3 城市轨道交通线网规划

城市轨道交通线网规划任务是在明确城市轨道交通功能定位、发展目标的基础上,确定城市轨道交通线网的功能层次、规模和布局,提出城市轨道交通设施用地的规划控制要求。

3.3.1 线网规划基本流程及步骤

城市轨道交通线网规划一般是在对城市客流需求与城市结构、土地利用的空间分布特点和线路工程实施的可行性进行相关定性与定量分析的基础上,形成多个备选方案,在此基础上,再对备选方案进行必要的规划。城市轨道交通线网规划工作流程见图3-3。

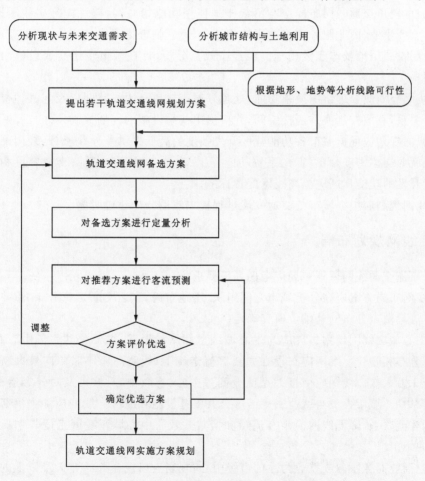

图3-3 城市轨道交通线网规划工作流程

总体来说,轨道交通线网规划的内容包括以下方面。
(1)估算各条线路的客流量,再进行初步客流分析。

(2)确定线路的主要经由和走向。

(3)规划方案的评价和分析线网形态。

(4)合理地布局主要换乘站(内部)及其与其他交通方式的换乘(外部)方式。

(5)对车辆进行检修的整备基地(车辆段)的设置方案。

(6)论证轨道交通线网发展序列的必要性。

(7)分析规划线网对城市各类发展问题的适应性。

(8)分析宏观效益和估算投资。

3.3.2 线网规划原则

(1)城市轨道交通线网规划应根据城市空间组织、交通发展目标和空间客流特征进行合理组织,线网布局应与城市空间结构、交通走廊分布契合。

(2)城市轨道交通线网布局应与沿线土地使用功能相协调,应优先与居住用地、公共管理与公共服务用地、商业服务业设施用地相结合,不宜临近物流仓储用地、货运交通用地、大型市政公用设施用地及非建设用地。经经济效益分析,可在城市轨道交通设施用地上综合开发利用。

(3)线网规划应合理组织换乘功能,处理好城市轨道交通线路间以及与其他交通方式的换乘衔接关系,有效控制换乘衔接空间,并应提出换乘设施的规划控制条件。

(4)线网规划应根据城市各功能片区开发强度的高低提供差异化服务,线网配置标准应与人口及就业岗位密度分布、客运系统功能分工、客运交通需求、道路交通容量相匹配。城市高强度开发的功能片区应提高线网配置标准。

(5)线网规划应根据城市与交通发展进程提出线网分期建设时序。

3.3.3 线网规划布局

城市轨道交通线网规划布局应考虑如下要求。

(1)线网布局方案应在分析城市空间组织、用地布局、客运交通走廊分布、重要客运枢纽和大型客流集散点分布的基础上研究确定。

(2)中心城区线网规划布局应与中心城区空间结构形态、主要公共服务中心布局、主要客流走廊分布相吻合。线网应布设在主要客流走廊上,线路高峰小时单向最大断面客流量不应小于1万人次。线网应衔接大型商业商务中心、行政中心、城市及对外客运枢纽、会展中心、体育中心、城市人口与就业密集区等公共服务设施和地区。线网应加强沿客流主导方向的直达客流联系,降低线网换乘客流量和换乘系数。中心城区线网密度规划指标宜符合表3-1的规定。

(3)以商业商务服务或就业为主的市级中心,规划人口规模500万人及以上的城市应由2条及以上的轨道交通线路服务,规划人口规模150万~500万人的城市宜由2条及以上的轨道交通线路服务。在实际中心区域应形成线网换乘站,有条件时宜形成具有多站换乘功能的枢纽地区。

表 3-1 中心城区线网密度规划指标

人口与就业岗位密度之和/(万人·km^{-2})	线网密度/(km·km^{-2})
0.5(含)~1.0	0.25(含)~0.50
1.0(含)~1.5	0.50(含)~0.80
1.5(含)~2.0	0.80(含)~1.00
2.0(含)~2.5	1.00(含)~1.30
≥2.5	≥1.30

(4)市域线网规划布局应与市域城镇空间结构形态、主要公共服务中心布局、市域客流走廊分布吻合,线路应沿市域城镇主要客流走廊布设。市域的快线网规划布局应串联沿线主要客流集散点,在外围可设支线增加其覆盖范围;快线客流密度不宜小于10万人·km/(km·d);快线在中心城区与普线宜采用多线多点换乘方式,不宜与普线采用端点衔接方式;当多条快线在中心城区布局时,应满足快线之间换乘的便捷性需求,并应结合交通需求分布特征研究互联互通的必要性。

(5)中心城区以外的城市轨道交通车站周边1000m半径用地范围内,规划的人口与就业岗位密度之和,快线不宜小于1.0万人/km^2,普线不宜小于1.5万人/km^2。

(6)可根据客流规模、交通需求特征、出行时间目标要求等设置轨道交通快线、普线共用城市客流走廊。当快线、普线共用走廊时,应独立设置快线与普线轨道。当快线、普线的运输能力富裕可共轨时,共轨后各自线路的旅行速度应满足各层次的技术指标要求,各自线路的运能应满足该走廊交通需求的基本要求。

(7)城镇连绵地区超出市域行政辖区范围的城市,轨道交通线网应在跨行政区的城镇连绵地区统筹规划,应与相邻行政区轨道交通线网密切协调与对接。

(8)城市轨道交通线网规划应研究线网联络线设置方案,满足车辆基地资源共享及运营组织等需要。联络线设置方案应满足车辆过轨条件。

3.3.4 线网设计主要指标

城市轨道交通线网规划设计一般有线网密度、线路负荷强度、客运量在城市公共交通结构中的比重等主要指标。

1. 线网密度

线网密度是衡量轨道交通有效性、方便性和可达性的一个重要指标。最佳密度可缩短乘客的出行时间,并提高自身的运行效率和经济效益。但郊区和市区的密度应有所区别,因而两者的方便程度也有所不同。线网密度的计算方法有以下2种。

(1)线网线路总长度与城市用地面积之比,即

$$\eta_1 = \frac{L}{A} \tag{3-5}$$

式中：η_1 为与土地使用面积有关的路网密度(km/km²)；L 为路网线路总长度(km)；A 为轨道交通服务范围内的城市用地面积(km²)。

(2)线网线路总长度与城市百万人口之比，即

$$\eta_2 = \frac{L}{M} \tag{3-6}$$

式中：η_2 为与城市人口有关的路网密度(km/百万人)；L 为路网线路总长度(km)；M 为轨道交通服务范围内的人口，一般采用市区人口(百万人)。

目前，我国对轨道交通线网密度指标还没有做具体的规定，一般认为线网规划密度取 0.25～0.35km/km² 或 25～30km/百万人是能满足大城市交通需要的，或者可参考前文表 3-1 中的相关数据。

2. 线路负荷强度

轨道交通线网线路上的客流应均匀分布，并且其运能要与运量相适应，这往往以网上的线路客流负荷强度来衡量。它是反映运营效率和经济效益的一个重要指标。负荷强度是路网上每千米线路每年平均承担的客运工作量或客流量(人次)。其表达式为

$$q = \frac{Q}{L} \tag{3-7}$$

式中：q 为线路负荷强度[万人次/(km·a)]；Q 为全年运送客流总量(万人次/a)；L 为线路长度(km)。

城市内不同交通方式的路网密度应该是不一样的，结合我国大城市轨道交通规划情况，中心城区线网密度可参考前文表 3-1 相关数据进行估算。

3. 年客运量占城市公共交通结构中的比重

地铁在大城市公共交通结构中起着骨干运输作用，主要承担城市主客流方向上的中、远程乘客的输送任务，所以采用"大站快车"的规划方法可以缩短这部分乘客的乘车时间，并尽可能地吸引客流。地铁若在城市公共交通中承担的客流量太小，就起不到应有的骨干运输作用。出现这种情况的主要原因就是线网规划不合理；或线路单一未形成网络，致使客流吸引覆盖面不够；或发展地铁或轻轨的必要性不足等。

一般认为，地铁及其他快速轨道交通在城市公共交通结构中的客运比重不低于 30% 时，就能在城市交通中发挥较好的骨干运输作用。

3.3.5 线网规模预测

路网规模由路网的线路数量和线路总长度组成。线路数量可根据各城市的干道网情况和主客流方向选定。但一个城市究竟要规划多少条线路才比较经济合理，这是路网规划设计中比较关注的问题。由于交通需求和交通供给是动态的平衡过程，因此合理规模也是相对的。一般要采取定量计算和定性分析相结合的方法计算城市轨道交通线网合理规模。主要有以下几种方法。

1. 以城市公共交通客流总量估算

以城市公共交通客流总量计算路网线路总长度,即

$$L = \frac{\alpha Q}{q} \tag{3-8}$$

式中:L 为线网中规划线路总长度(km);α 为轨道交通远期在公共交通客流量中分担客流的比重,该值根据各城市的情况不同而异,一般为 0.3~0.6;Q 为远期公共交通预测总客流量(万人次/a);q 为线路负荷强度[万人次/(km·a)]。

2. 以线网密度指标估算

用线网密度指标计算路网线路总长度的方法有 2 种。

(1) 以城市用地面积计算,即

$$L = A \cdot \eta_1 \tag{3-9}$$

式中:A 为城市市区用地面积(km²);η_1 为路网密度指标(km/km²),一般可取 0.25~0.35。

(2) 以人口总数计算,即

$$L = M \cdot \eta_2 \tag{3-10}$$

式中:M 为城市总人口(百万人);η_2 为路网密度指标(km/百万人),一般可取 25~30km/百万人。

3.4 城市轨道交通线路设计

在地铁的线网规划中,对每一条线路所进行的勘测、规划和设计工作统称为线路设计。线路设计首先要确定线路的走向、不同敷设形式、位置和长度,线路选择应与客观存在的最大客流量的流向相吻合。

3.4.1 选线设计基本原则

地铁线路应按其运营中的功能定位,分为正线(干线与支线)、配线和车场线。配线应包括车辆基地出入线、联络线、折返线、停车线、渡线、安全线。不同线路的功能及布置见图 3-4。

地铁选线应符合下列规定。

(1) 应依据线路在城市轨道交通规划线网中的地位和客流特点、功能定位等,确定线路性质、运量等级和速度目标。

(2) 应以快速、安全、独立运行为原则进行地铁选线。当有条件时,也可根据需要在 2 条正线之间或一条线路上的干线与支线之间,组织共线运行。

(3) 支线在干线上的接轨点应设在车站,并应按进展方向设置平行进路;接轨点不宜设在靠近客流大断面的车站中。

(4) 当地铁线路之间交叉,以及地铁线路与其他交通线路交叉时,必须采用立体交叉方式。

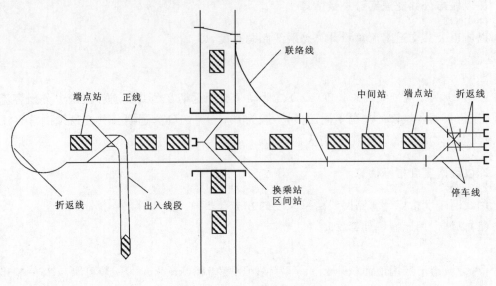

图 3-4 地铁线路分类示意图

(5)地铁选线应符合运营效益原则,线路走向应符合城市客流走廊,应有全日客流效益、通勤客流规模、大型客流点的支撑。

(6)地铁选线应符合工程实施安全原则,宜规避不良工程地质、水文地质地段,并宜减少房屋和管线拆迁,宜保护文物和重要建(构)筑物,同时应保护地下资源。

(7)地铁线路与相近建筑物之间的距离应符合城市环境、风景名胜和文物保护的要求。对地上线,必要时应采取针对振动、噪声、景观、隐私、日照的治理措施,并应满足城市环境相关的规定;对地下线,应减少振动对周围敏感点的影响。

3.4.2 选线设计资料准备

在选线工作开展之前以及进行当中,一般需收集下列资料作为开展线路设计工作的依据。

(1)地下铁道线网规划(研究)报告。
(2)地铁项目建议书及其审批文件。
(3)市政府及其上级部门对地铁项目建设的指示。
(4)公共交通客流预测资料。
(5)城市总体发展规划资料。
(6)城市经济统计资料。
(7)水文气象资料。
(8)工程地质及水文地质资料。
(9)地形图资料。
(10)线路可能经过区域的文物保护场地及建筑物等的资料。

(11)线路可能穿越到的街道建筑内主要房屋及其基础资料。
(12)线路可能经由区域内的市政及人防设施资料。

3.4.3 线路方向及路由选择

1. 起、终点选择

线路起、终点选择应符合下列规定。

(1)线路起、终点车站宜与城市用地规划相结合,并宜预留公交等城市交通接驳配套条件。

(2)线路起、终点不宜设在城区内客流大断面位置,也不宜设在高峰客流断面小于全线高峰小时单向最大断面客流量的1/4位置。

(3)对穿越城市中心的超长线路,应分析运营的经济性,并应结合对全线不同地段客流断面和分区OD的特征、列车在各区间的满载率和拥挤度,以及建设时序的分析,合理确定线路运行的起、终点或运行的分段点。

(4)每条线路长度不宜大于35km,也可以每个交路运行不大于1h为目标。当分期建设时,初期建设长度不宜小于15km。

(5)支线与干线贯通共线运行时,其长度不宜过长。当支线长度大于15km时,宜按既能贯通又能独立折返运行的要求设计,但应核算正线对支线客流的承受能力。

2. 路由选择

线路方向及路由选择需要考虑的主要因素如下。

(1)线路作用。包括为城市居民的生产、生活提供交通服务,战备物资运输、安装电缆等服务。

(2)客流分布与客流方向。

(3)城市道路网分布状况。

(4)隧道土体结构施工方法。

(5)城市经济实力。

3. 线路敷设方式选择

城市轨道交通线路敷设可采用地面敷设、地下敷设、高架敷设等方式。具体敷设方式应结合城市总体规划、沿线用地条件、地理环境条件及城市轨道交通系统选型的技术特点,因地制宜地进行选择,且遵循下列原则。

(1)线路敷设方式应根据城市总体规划和地理环境条件选择。在城市中心区宜采用地下线;在中心城区以外地段,宜采用高架线;在有条件地段也可采用地面线。

(2)地下线路埋设深度,应结合工程地质和水文地质条件,以及隧道形式和施工方式确定;隧道顶部覆土厚度应满足地面绿化、地下管线布设和综合利用地下空间资源等要求。

(3)在敷设高架线路时应注重结构造型和控制规模、体量,并应注意高度、跨度、宽度的比例协调,其结构外缘与建筑物的距离应符合现行国家标准《建筑设计防火规范(2018年版)》(GB 50016—2014)等有关规定,高架线应减小对地面道路交通、周围环境和城市景观的影响。

(4)地面线敷设应按全封闭设计,并应处理好与城市道路红线及其道路断面的关系。地面线敷设应具备防淹、防洪能力,并应采取防侵入和防偷盗设施。

3.4.4　线路平面设计

1. 线路平面设计一般原则

(1)地铁线路应与城市发展规划相结合。地铁线路的设计必须考虑节约城市土地及空间,尽量与城市主干道及城市主要建筑物平行。在有条件时,地铁车站的出入口应尽量与城市公共建筑物相结合。

(2)地铁在正线上采用双线、右侧行车制。地铁是便捷的城市交通运输工具,采用与我国城市街面交通一致的右侧行车制。地铁具有高行车密度和大运输量的特点,其跟踪列车最小间隔时间为75~120s,因此地铁正线必须设计成双线。

(3)线路运行速度。地铁车站站间距离较小,列车运行速度一般为60~75km/h,但不得小于35km/h,所以地铁线路的最高运行速度一般规定为80km/h。对于连接市中心与周边卫星城的线路及开行的大站快车线路,平均站间距离大,其最高运行速度应大于80km/h,列车运行的旅行速度也应有所提高。

2. 线路平面位置与埋深确定

线路平面位置,特别是车站位置应尽可能与地面交通相对应,地下线路应尽可能采用直线,减少弯曲线路。地铁线路平面位置与埋设深度应综合考虑下列因素选定。

(1)地面建筑物、地下管线和其他地下建筑物的现状与规划。

(2)工程地质与水文地质条件。

(3)经技术经济综合比较后确定地铁准备采用的结构类型与施工方法、运营要求等。有条件时线路应与地面铁路接轨。

3. 线路平面位置选择

(1)地下线路平面位置。地下线路与地面道路的布置方式有2种。

地铁位于城市规划道路范围内,是常用的线路平面位置,它对道路范围以外的城市建筑物干扰小。图3-5是地铁线路的3种典型位置示意图。

在特定的条件下,地下线路可设置于道路范围之外以达到缩短线路长度、减少拆迁和降低工程造价的目的。

(2)高架线路平面位置。高架线路平面位置的选择要比地下线路严格,其自由度更小。一般要沿城市主干道平行设置,道路红线宽度宜大于40m。在道路横断面上,地铁高架桥墩柱位置要与道路车行道分别配合,一般宜将桥墩柱置于分隔带上,如图3-6所示。

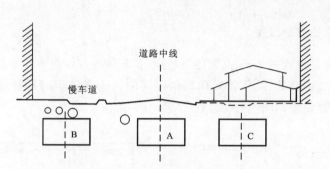

图 3-5 地下线路位置示意图

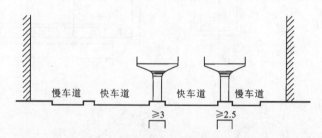

图 3-6 高架线路位置示意图(单位:m)

当平面线路位于城市道路中心线上时,对道路景观较为有利,噪声对两侧房屋的影响相对较小,路口交叉处对拐弯机动车影响小。但是,在无中间分隔带的道路上敷设高架线时,改建道路工程量大。

当平面线路位于快、慢车分隔带上时,要充分利用道路隔离带,减少高架桥柱对道路宽度的占用空间和改建工程量。

(3)地面线路平面位置。地面线路位于道路中心带上,如图 3-7(a)所示,带宽一般为 20m 左右。当城市快速路或主干道的中间有分隔带时,地面线路设于该分隔带上,不阻隔两侧建筑物内的车辆按右行方向出入,不需设置辅路,有利于减小对城市景观的影响及减少地铁噪声的干扰。其不足是乘客均需通过地道或天桥进入地铁。

地面线路位于快车道一侧,如图 3-7(b)所示,带宽一般为 20m 左右。当城市道路无中间分隔带时,在该位置可以减少道路改移量。其缺点是在快车道另一侧需要建辅路,增加了道路交通管理的复杂性。

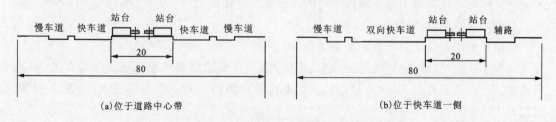

(a)位于道路中心带   (b)位于快车道一侧

图 3-7 地面线路平面位置示意图(单位:m)

4. 左右关系及线间距过渡

地铁线路不论是设置在地下、高架还是地面，其正线的左线与右线一般并列于同一街道范围内。在左、右线并列条件下，依照两线间距离的大小和轨面高程有各种不同的组合形式，常见的地下线路设置如图3-8所示。

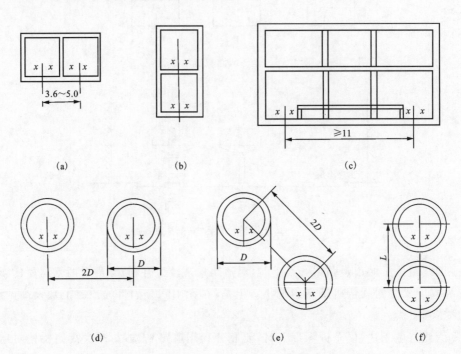

图3-8 地铁左、右线位置关系示意图(单位:m)

5. 最小曲线半径确定

理想的线路平面是由直线和较少数量的曲线组成的，而且每一条曲线应采用尽可能大的半径。线路的平面位置与埋深确定之后，就可进行线路平面设计。线路平面的中心线由直线和曲线(圆曲线及缓和曲线)组成，曲线设置在2条相邻直线间。列车以一定速度通过曲线时，为了保障列车的安全和增强乘客的舒适性，曲线最大外轨超高和未被平衡的离心加速度应受限制。这需要由最小曲线半径的合理选定来控制。

1) 最小曲线半径选择

线路平面圆曲线半径应根据车辆类型、地形条件、运行速度、环境要求等综合因素比选确定。最小曲线半径与地铁线路的性质、车辆性能、行车速度和地形地质条件等有关，对行车速度、安全、稳定有很大影响，并直接影响着地铁建筑费用与运营费用，应符合表3-2的规定。

2) 平面曲线半径选择

线路平面曲线半径选择宜适应所在区段的列车运行速度要求。当条件不具备设置满足速度要求的曲线半径时,应按限定的允许未被平衡横向加速度计算通过的最高速度,可按下列要求计算。

表3-2 圆曲线最小曲线半径 (单位:m)

车型	A型车		B型车	
线路	一般地段	困难地段	一般地段	困难地段
正线	350	300	300	250
出入线、联络线	250	150	200	150
车场线	150	—	150	—

(1)在正常情况下,允许未被平衡横向加速度为 0.4m/s²。当曲线超高为 120mm 时,最高速度限制应按式(3-11)计算(式中单位为 km/h),且不应大于列车最高运行速度。

$$V_{0.4}=3.91\sqrt{R} \tag{3-11}$$

(2)在瞬间情况下,允许短时出现未被平衡横向加速度为 0.5m/s²。当曲线超高为 120mm 时,瞬间最高速度限制应按式(3-12)计算(式中单位为 km/h),且不应大于列车最高运行速度。

$$V_{0.5}=4.08\sqrt{R} \tag{3-12}$$

(3)在车站正线及折返线上,允许未被平衡横向加速度为 0.3m/s²。当曲线超高为 15mm 时,最高速度限制应按式(3-13)计算(式中单位为 km/h),且分别不应大于车站允许通过速度或道岔侧向允许速度。

$$V_{0.3}=2.27\sqrt{R} \tag{3-13}$$

3)车站等曲线最小半径选择

车站站台宜设在直线上。当设在曲线上时,其站台有效长度范围的线路曲线最小半径应符合表3-3的规定。

表3-3 车站曲线最小曲线半径

车型		A型车	B型车
曲线半径/m	无站台门	800	600
	设站台门	1500	1000

折返线、停车线等宜设在直线上。在困难的情况下,除道岔区外,可设在曲线上,并可不设缓和曲线,超高应为 0~15mm,但在车挡前宜保持不少于 20m 的直线段。

圆曲线最小长度在正线、联络线及车辆基地出入线上,A 型车不宜小于 25m,B 型车不宜小于 20m;在困难的情况下,不得小于一节车辆的全轴距;车场线不应小于 3m。

新建线路不应采用复曲线,在困难地段,应经技术经济比较后采用。在复曲线间应设置中间缓和曲线,其长度不应小于 20m,并应满足超高顺坡率不大于 2‰ 的要求。

6. 缓和曲线确定

在地铁线路上,直线和圆曲线不是直接相连的,在它们之间需要插入一段缓和曲线,如图 3-9 所示。其目的是在缓和曲线长度内完成直线至圆曲线的曲率变化,应包括轨距加宽过渡和曲线超高递变(顺坡),以保证乘客舒适安全。缓和曲线需要根据曲线半径 R、列车通过速度 V 以及曲线超高 h 三种要素确定。

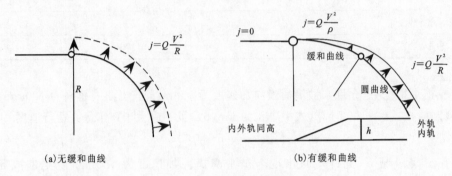

图 3-9　缓和曲线示意图

1)缓和曲线线型

依据多年轮轨系统设计和运营经验,可采用三次方的抛物线型,使曲率半径呈现 $\infty \to R$ 过渡变形的合理线形。

2)缓和曲线长度计算

缓和曲线长度的控制要素主要有以下 4 项。

(1)限制超高 h 递减坡度(0.3‰)。在三点支承情况下,悬起的车轮高度受轮缘控制,可使转向架下的车轮不爬轨、脱轨,这是对安全度的保障。缓和曲线长度应满足

$$L_1 \geqslant \frac{1000h}{3} \geqslant 20\text{m} \tag{3-14}$$

(2)限制车轮升高速度的超高变化率 f 值(取 40mm/s)是满足乘客舒适度的指标。在此条件下,缓和曲线长度应满足

$$L_2 \geqslant \frac{h \cdot V}{3.6f} = 0.007V \cdot h = 0.083V^3/R \tag{3-15}$$

(3)限制未被平衡横向加速度 a 的时变率 β 值(取 0.3mm/s²)也是舒适度指标。缓和曲线长度应满足

$$L_3 \geqslant \frac{a \cdot V}{3.6\beta} = 0.37V \tag{3-16}$$

(4)限制车辆进入缓和曲线,对外轨冲击的动能损失 $W = 0.37$km/h 也是舒适度指标。缓和曲线长度应满足

$$L_4 \geqslant 0.05V^3/R \tag{3-17}$$

式中:L 为缓和曲线长度(km);h 为超高(m);f 为超高变化率(mm/s);V 为设计行车速度(km/h);a 为横向加速度(mm/s²);R 为曲线半径(m)。

经综合评定,上述因素包容性较好的缓和曲线长度为 $L \geq 0.007V \cdot h$。

3)缓和曲线半径确定

当设计速度 V 确定后,按允许的 β 值,可确定不设缓和曲线的曲线半径为

$$R \geq \frac{11.8V^3 g}{1500 \times 3.5l\beta + lVig/2} \quad (3-18)$$

式中:V 为设计行车速度(km/h);g 为重力加速度,取 9.81m/s^2;l 为车辆长度,取 19m;β 为未被平衡离心加速度的时变率,取 0.3m/s^2;i 为超高顺坡率,取 $0.2\%\sim0.3\%$。

当圆曲线较短和计算超高值较小时,可不设缓和曲线,但曲线超高应在圆曲线外的直线段内完成递变。《地铁设计规范》(GB 50157—2013)规定的缓和曲线长度见表 3-4。

表 3-4 线路曲线超高-缓和曲线长度

R	V	100	95	90	85	80	75	70	65	60	55	50	45	40	35
3000	L	30	25	20	20	20	20	20	—	—	—	—	—	—	—
	h	40	35	30	30	25	20	20	15	15	10	10	10	5	5
2500	L	35	30	25	20	20	20	20	20	—	—	—	—	—	—
	h	50	45	40	35	30	25	25	20	15	15	10	10	10	5
2000	L	45	40	35	30	25	20	20	20	20	20	—	—	—	—
	h	60	55	50	45	40	35	30	25	20	20	15	10	10	5
1500	L	55	50	45	35	30	25	20	20	20	20	20	—	—	—
	h	80	70	65	60	50	45	40	35	30	25	20	15	15	10
1200	L	70	60	50	40	40	30	25	20	20	20	20	20	—	—
	h	100	90	80	70	65	55	50	40	35	30	25	20	15	10
1000	L	85	70	60	50	45	35	30	25	20	20	20	20	20	—
	h	120	105	95	85	75	65	60	50	45	35	30	25	20	15
800	L	85	80	75	65	55	45	35	30	25	20	20	20	20	20
	h	120	120	120	105	95	85	70	60	55	45	35	30	25	20
700	L	85	80	75	75	65	50	45	35	25	20	20	20	20	20
	h	120	120	120	120	110	95	85	70	60	50	40	35	25	20
600	L	—	80	75	75	70	60	50	40	30	25	20	20	20	20
	h	—	120	120	120	120	110	95	85	70	60	50	40	30	25
550	L	—	—	75	75	70	65	55	40	35	25	20	20	20	20
	h	—	—	120	120	120	120	105	90	75	65	55	45	35	25
500	L	—	—	—	75	70	65	60	45	35	30	25	20	20	20
	h	—	—	—	120	120	120	115	100	85	70	60	50	40	30

续表 3-4

R	V	100	95	90	85	80	75	70	65	60	55	50	45	40	35
450	L	—	—	—	—	70	65	**60**	**50**	**40**	**30**	**25**	**20**	20	20
	h	—	—	—	—	120	120	120	110	95	80	65	55	40	30
400	L	—	—	—	—	—	65	60	**55**	**45**	**35**	**30**	**20**	20	20
	h	—	—	—	—	—	120	120	120	105	90	75	60	50	35
350	L	—	—	—	—	—	—	60	55	**50**	**40**	**30**	**25**	**20**	20
	h	—	—	—	—	—	—	120	120	120	100	85	70	55	40
300	L	—	—	—	—	—	—	—	55	50	**50**	**35**	**30**	**25**	**20**
	h	—	—	—	—	—	—	—	120	120	120	100	80	65	50
250	L	—	—	—	—	—	—	—	—	50	50	**45**	**35**	**25**	**20**
	h	—	—	—	—	—	—	—	—	120	120	120	95	75	60
200	L	—	—	—	—	—	—	—	—	—	50	45	**40**	**35**	**25**
	h	—	—	—	—	—	—	—	—	—	120	120	120	95	70

注：R 为曲线半径(m)；V 为设计速度(km/h)；L 为缓和曲线长度(m)；h 为超高值(mm)。

7. 线路平面圆曲线和夹直线长度的确定

线路内圆曲线的长度越短，对改善视线条件、减少行车阻力和养护维修均有利，但不能小于车辆的全轴距，因此，《地铁设计规范》(GB 50157—2013)做了如下规定。

(1)正线及辅助线的圆曲线最小长度不宜小于 20m，在困难的情况下，不得小于全轴距。

(2)两相邻曲线间的直线段称为夹直线。正线及辅助线上两相邻曲线间的夹直线长度不应小于 20m，车场线上的夹直线长度不得小于 3m，即不应短于车辆转向架的轴距。

(3)地铁线路不宜采用复曲线是为避免增加勘测设计、施工和养护维修的难度。在困难地段，有充分技术依据时可采用复曲线。但变曲线的曲率差大于 1/2500 时，应设置中间缓和曲线，其长度通过计算确定，但不应小于 20m。

(4)车站站台计算长度段的线路应设置在直线上，在困难地段可设置在半径不小于 800m 的曲线上。

曲线间的夹直线设计应符合下列要求：正线、联络线及车辆基地出入线上，两相邻曲线间，无超高的夹直线最小长度应按表 3-5 确定。道岔缩短渡线的曲线间夹直线可缩短为 10m。

表 3-5 夹直线最小长度

正线、联络线、出入线	一般情况	$\lambda \geqslant 0.5V$	
	困难时最小长度 λ/m	A 型车	B 型车
		25	20

注：V 为列车通过夹直线的运行速度(km/h)。

3.4.5 线路纵断面设计

1. 线路纵断面设计的一般原则

(1)地铁线路纵断面设计要保证列车运行的安全、平稳及乘客舒适度,高架线路要注意城市景观,坡段应尽量长。

(2)线路纵断面要结合不同的地形、地质及水文条件,并结合线路敷设方式与埋深、隧道施工方法、地面地下建筑物与基础情况以及线路平面条件等进行合理设计,力求方便乘客和降低工程造价。必要时,可建议变更线路平面及施工方法。

(3)线路应尽量设计成符合列车运行规律的节能型坡道。车站一般位于纵断面的高处,区间位于纵断面低处。除车站两端的节能型坡道外,区间一般宜用缓坡,避免列车交替使用制动而增大牵引负荷。

2. 最大坡度确定

1)线路坡度设计要求

线路坡度设计应符合下列要求。

(1)最大纵坡要求。正线的最大坡度宜采用30‰,困难地段最大坡度可采用35‰。在山地城市的特殊地形地区,经技术经济比较,有充分依据时,最大坡度可采用40‰。联络线、出入线的最大坡度宜采用40‰。

(2)最小纵坡要求。区间隧道的线路最小坡度宜采用3‰;困难条件下可采用2‰;区间地面线路和高架线路,当具有有效排水措施时,可采用平坡。

注意事项:最大、最小坡度的规定数值,均不应计各种坡度折减值。

2)车站及其配线坡度设计规定

车站及其配线坡度设计应符合下列规定。

(1)车站宜布置在纵断面的凸形部位上,可根据具体条件,按节能坡理念,设计合理的进出站坡度和坡段长度。

(2)车站站台范围内的线路应设在一个坡道上,坡度宜采用2‰。当具有有效排水措施或与相邻建筑物合建时,可采用平坡。

(3)具有夜间停放车辆功能的配线,应布置在面向车挡或区间的下坡道上,隧道内的纵坡宜为2‰,地面和高架桥上的坡度不应大于1.5‰。

(4)道岔宜设在坡度不大于5‰的坡道上。在困难地段应采用无砟道床,尖轨后端为固定接头的道岔,可设在坡度不大于10‰的坡道上。

(5)车场内的库(棚)线路宜设在平坡道上,库外停放车的线路坡度不应大于1.5‰,咽喉区道岔坡度不宜大于3.0‰。

3. 线路竖曲线半径

坡道与坡道、坡道与平道的交点处发生变坡,列车通过变坡点时会产生附加加速度,车钩应力将发生变化。为保证行车平顺与安全,当两相邻坡段的坡度代数差大于等于2‰时,就应设置圆曲线型的竖曲线连接,竖曲线半径 R_r 与 a_r 的关系式为

$$R_r = \frac{V^2}{(3.6)^2 a_r} = 0.077 V^2 / a_r \tag{3-19}$$

式中:V 为行车速度(km/h);a_r 为列车通过变坡点产生的附加加速度(m/s²),取值0.08m/s²～0.3m/s²;一般情况下取 $a_r=0.1$m/s²,困难情况下取 $a_r=0.17$m/s²。

竖曲线的半径不应小于表3-6的规定;线路坡段长度不宜小于远期列车长度,并应满足相邻竖曲线间的夹直线长度不小于50m的要求。

表3-6 竖曲线半径 (单位:m)

线别		一般情况	困难情况
正线	区间	5000	2500
	车站端部	3000	2000
联络线、出入线、车场线		2000	

在车站站台有效长度内和道岔范围内不得设置竖曲线,竖曲线离开道岔端部的距离应符合表3-7的规定。

表3-7 道岔两端与平、竖曲线端部的最小距离

项目	至平面曲线端或竖曲线端	
	正线	车场线
道岔型号	60kg/m-1/9	50kg/m-1/7
道岔前端/后端	5/5(m)	3/3(m)

注:道岔后端至站台端位置应按道岔警冲标位置控制。

3.5 城市轨道交通车站设计

3.5.1 地铁车站设计的主要内容

地铁车站主要承担乘客上下车、候车换乘和集散的作用,同时也是布置运营管理和技术设备的场所,是地铁建筑结构设计中技术要求最复杂的部位之一。

城市轨道交通车站建筑一般包括供乘客使用、运营管理、技术设备和生活辅助4个部分。供乘客使用的部分主要有地面出入口、站厅、售票厅、检票处、站台、通道、楼梯和自动扶梯等。

地铁车站总体设计内容包括:确定车站的位置及类型、出入口与地面之间的关系、站台

的类型及尺寸、出入口的立面形式、站厅在车站中的安排及类型等。总体设计中车站在线路中的位置，以及在线路中如何配置终点站、折返站、换乘站、中间站，都将影响乘客换乘的方便程度。它通常应由城市交通部门根据城市各区、各点的客流量及多种因素来决定，需要对车站、站台、出入口、站厅设计进行分析。

3.5.2 车站总体布置

1. 车站位置选址

车站选址应符合下列要求。

（1）车站分布应以规划线网的换乘节点、城市交通枢纽点为基本站点，结合城市道路布局和客流集散点分布确定。

（2）车站间距在城市中心区和居民稠密地区宜为1km，在城市外围区宜为2km。超长线路的车站间距可适当加大。

（3）地铁车站站位应结合车站出入口、风亭设置条件确定，并应满足结构施工、用地规划、客流疏导、交通接驳和环境要求。

地铁车站的目的就是便于吸引客流，缓解地面交通压力。因此，地铁车站一般可设在客流量大的地点，如商业中心、文化娱乐中心及地面交通枢纽等区域内，以便能最大限度地吸引客流和方便乘客。为了便于乘客在不同线路之间的换乘，在地铁不同线路的交汇处必须设置换乘站。

2. 地铁车站结构组成

地铁车站结构由车站主体、出入口及通道、通风道及地面通风亭三大部分组成。其中，车站主体是列车在线路上的停车点，其作用是供乘客集散、候车、换车及上下车，它又是地铁运营设备设置的中心和办理运营业务的场所。出入口及通道是供乘客进出车站的口部建筑设施。通风道及地面通风亭的作用是保证地下车站具有一个舒适的地下乘车和运营环境。归纳起来车站建筑通常由以下4个部分结构空间组成。

（1）乘客使用空间。乘客使用空间在车站建筑组成中占有很重要的位置，是车站中的主体部分，主要包括站厅、站台、出入口、通道、售票处、检票口、楼梯及自动扶梯、问讯处、公用电话、商店等。

（2）运营管理用房。运营管理用房是为保证车站具有正常运营条件和营业秩序而设置的办公用房，主要包括站长室、行车值班室、业务室、广播室、会议室、公安保卫室、清扫员室等。运营管理用房与乘客关系密切，一般布设在临近乘客使用空间的区域。

（3）技术设备用房。技术设备用房是为保证列车正常运行，保证车站内具有良好环境条件和在事故灾害情况下能够及时排除灾情不可缺少的设备用房，主要包括环控室、变电所、综合控制室、防灾中心、通信机械室、信号机械室、自动售检票室、泵房、附属用房及设施等。技术设备用房是维持整个车站正常运营的核心。这些用房与乘客没有直接的联系，因此，一般可布设在离乘客较远的区域。

(4)辅助用房。辅助用房是为保证车站内部工作人员正常工作、生活所设置的用房,是直接供站内工作人员使用的房屋,主要包括更衣室、休息室、茶水间、储藏室、盥洗间等。这些用房均设在站内工作人员使用的区域内。

图3-10为地铁车站的主要功能分区布置图。以上4个部分之间应有一定的联系和区别,不同的建筑服务于不同的功能,因此车站建筑设计首先应考虑车站应当满足的功能。车站建筑设计整体应遵从健康、安全、环保的理念,并着重体现"以人为本"的设计思想。

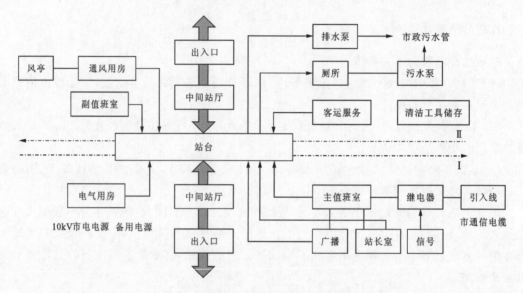

图3-10 地铁车站的功能分区布置图

车站的建筑布置应能满足乘客在乘车过程中对其活动区域内各部位在使用上的需要,地铁车站各部位详细的使用功能可见图3-11。

3. 车站类型

地铁车站根据所处的位置、埋深、运营性质、结构横断面形式、站台形式以及换乘方式的不同可划分为不同的车站类型。

1)按车站与地面的相对位置划分(图3-12)

(1)地下车站。车站结构设置于地面以下的岩层或土层当中。

(2)地面车站。车站结构设置于地面。

(3)高架车站。车站结构设置于地面高架桥上。

(4)半地下车站或路堑式车站。根据城市布局以及区间线路敷设的需要,并考虑吸引客流、便于乘客进出车站,满足线路从地面过渡到地下的需要,可将车站部分结构设置在地下,而将另一部分结构设置在地面以上,进而形成半地下车站。

2)按车站运营性质划分(图3-13)

(1)中间站,也称为一般站。它仅供乘客上、下车之用。中间站的功能单一,是地铁最常用的车站。

3 城市轨道交通规划与设计

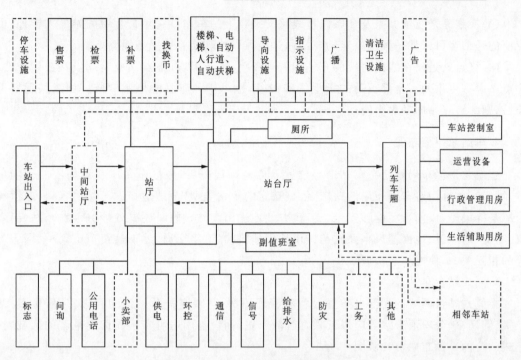

图 3-11 地铁车站功能区整体布置图

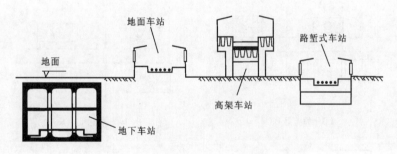

图 3-12 车站按与地面相对位置进行分类

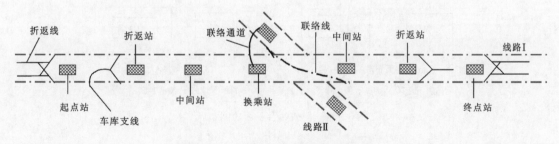

图 3-13 车站按运营性质进行分类

(2) 折返站又称区域站,是设在 2 种不同行车密度交界处的车站。站内设有折返线和设备。根据客流量大小,合理组织列车运行,在 2 个折返站之间的区段上增加或减少行车密度。折返站兼有中间站的功能。

(3)换乘站是位于2条及2条以上线路交叉点上的车站。它除具有中间站的功能外,更主要的是乘客可以从一条线路上的车站通过换乘设施转换到另一条线路上。

(4)终点站是设在线路两端的车站。就列车上、下行而言,终点站也是起点站或始发站。终点站设有可供列车全部折返的折返线和设备,也可供列车临时停留检修。如线路远期延长后,则此终点站即变为中间站。

4. 车站总平面布置

建筑总平面布局就是在车站中心位置及方向确定以后,根据车站所在地周围的环境条件、城市有关部门对车站布局的要求,依据选定的车站类型,合理地布设车站出入口、通道和通风亭等设施,以便乘客能够安全、迅速、方便地进出车站。同时还要处理好地铁车站、出入口、通道、通风道、地面通风亭及其与城市地面建筑物、道路交通、地下过街道或天桥、绿化带等的相互关系,使之相互协调统一。

1)侧式站台车站

在侧式站台两侧的端部可布置设备和管理用房,与乘客关系紧密的管理室、值班室、站长室、问询室、公安值班室等应靠近乘客区域布置,而设备用房可布置在远离乘客的区域内。侧式站台的平面布局可参考图3-14。

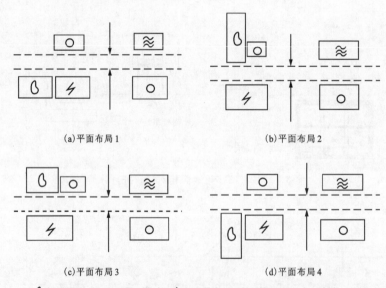

图3-14 侧式站台平面功能布局

2)岛式站台车站

岛式站台与侧式站台的主要区别是岛式站台须用中间站厅解决客流集散问题。如岛式站台设计成双层,可将地下一层的两端或两侧用作一部分设备用房,而办公室等房间可设置在站台所在的地下二层。图3-15为岛式站台的平面布局关系图(图中虚线部分代表站台层)。

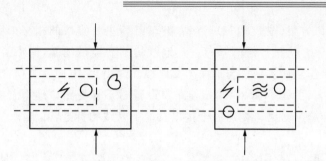

图 3-15　岛式站台平面功能布局

3)混合式站台

混合式站台常用于规模较大的地铁车站,如折返站、大型立交换乘站。图 3-16 为典型混合式站台平面关系图,虚线表示站台不在同一层高程上。客流由独立式站厅进入 2 个站台,电气用房和污水用房设在岛式站台两端。在岛式站台左侧设 1 个行车主值班室,右侧和侧式站台右侧各设 1 个行车副值班室。

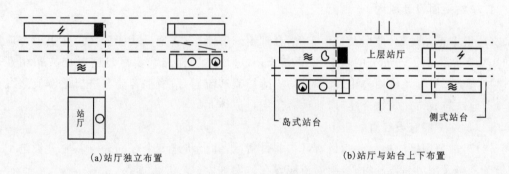

(a)站厅独立布置　　　　　　　　　(b)站厅与站台上下布置

图 3-16　混合式站台平面功能布局

5. 车站与道路位置关系

车站的线路应尽量接近地面,工程量小且方便乘客进出车站。车站在有条件的情况下应尽量布置在纵断面凸起部位上,机车车辆进站为上坡,出站为下坡,即设计为节能型坡道,有利于机车的起动与制动。

一般车站按纵向位置分为跨路口、偏路口一侧、两路口之间 3 种设置方式,按横向位置分为道路红线内、外 2 种位置,不同布置见图 3-17。

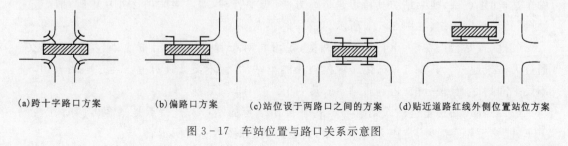

(a)跨十字路口方案　　(b)偏路口方案　　(c)站位设于两路口之间的方案　(d)贴近道路红线外侧位置站位方案

图 3-17　车站位置与路口关系示意图

(1)跨十字路口方案(图3-17a)。该方案车站跨主要路口的相交十字路口并在路口各角都设有出入口,乘客从路口任何方向进入地铁均不需经过地面,保障了乘客的安全,避免了路口处人、车混行,从而实现了与地面公交路线无缝衔接、方便乘客换乘的效果。

(2)偏路口方案(图3-17b)。车站偏路口设置时不易受路口地下管线的影响。该方案减少了车站埋深和施工对路口交通的干扰以及地下管线的拆迁,降低了工程造价,方便乘客换乘。

(3)站位设于两路口之间的方案(图3-17c)。当两路口都是主路口且相距较近,如间距小于400m时,横向公交线路及客流较多时,可将车站设于两路口之间,以兼顾二者。

(4)贴近道路红线外侧设置站位方案(图3-17d)。将车站建于道路红线外侧的建筑区内,可避免破坏路面和减少地下管线的拆迁,减少对地面交通的干扰,从而达到充分利用城市地面土地的目的。一般在地面道路外侧无较大的建筑或地下工程时采用此方案。

3.5.3 车站平面设计

1. 车站平面设计原则

(1)根据车站规模、类型及平面布置,合理组织客流路线,划分功能分区。在组织客流路线时,乘客与站内工作人员的通勤路线应分开;进出站客流路线要尽量避免交叉和相互干扰;乘客购票、问询及使用公用设施时,均不应妨碍客流通行;换乘客流与进出站客流路线分开。当地铁与城市建筑物合建时,地铁客流应自成体系。

(2)车站一般宜设在直线段上。

(3)车站公用区应被划分为付费区与非付费区,并应将这2个区间分隔。应分设进出站检票口。当采用单一票制时,换乘通道应设在付费区内。

(4)采用隔、吸声措施。有噪声源的房间应远离有隔声要求的房间及乘客使用区;对有高音质要求的房间,均采取隔、吸声措施。

(5)采用无障碍通行。有条件时,车站应考虑无障碍通行的设计,以方便残疾人等进出车站。

2. 站台结构设计

站台是供乘客上、下车及候车的场所。站台层布设有楼梯、自动扶梯及站内用房。

(1)岛式站台设在上、下行车线之间,乘客中途折返同时使用一个站台,适用于规模较大的车站,如终点站、换乘站。其特点是折返方便,集中管理,需设中间站厅并从中间站厅进入站台,站台长度固定,如图3-18所示。

(2)侧式站台设在上、下行车线的两侧,既可相对布置,也可相错布置,乘客中途折返需通过天桥或地道。其特点是适用于规模较小的车站,客流不交叉且折返需经过联络通道,可不设中间站厅,管理分散,可延长站台长度,如图3-19所示。

(3)混合式站台是将岛式站台与侧式站台相结合的站台。其特点是乘客可同时在两侧上车,能缩短停靠时间,常用于大型车站,折返方便,如图3-20所示。

(a)岛式站台　　(b)弧形岛式站台

图 3-18　岛式站台

(a)2台相对布置

(b)2台错开布置

(c)上、下层重叠布置

图 3-19　侧式站台

(a)1岛2侧

(b)1岛1侧

图 3-20　混合式站台

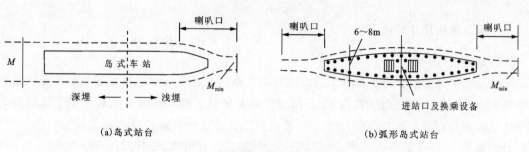

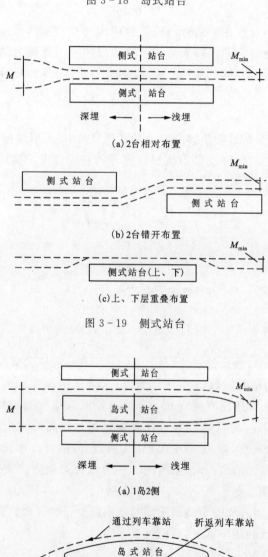

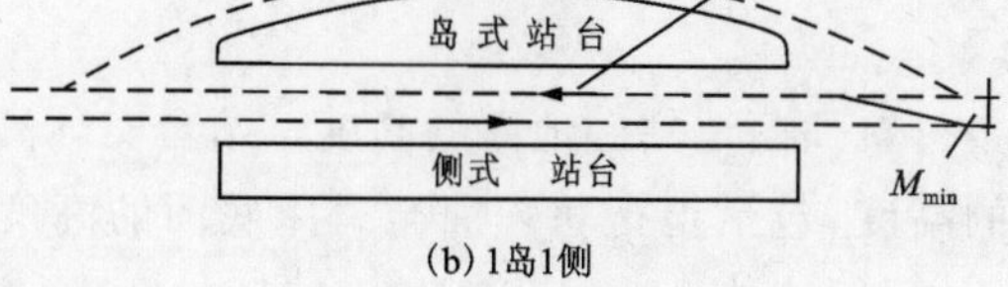

3. 车站结构尺寸设计

1) 站台长度

站台长度分为站台总长度和站台有效长度。站台总长度是根据站台层房间布置的位置及需要由站台进入房门的位置而定,是指每侧站台的总长度。站台有效长度是指远期列车编组总长度与列车停站时的允许停车距离误差之和。站台有效长度也称为站台计算长度,既是供乘客上、下车的有效长度,也是列车的停站位置,并可按下式进行计算

$$l = sn + \delta \tag{3-20}$$

式中:l 为站台有效长度(m),在无站台门的站台应为列车首末两节车辆司机室门外侧之间的长度,有站台门的站台应为列车首末两节车辆尽端客室门外侧之间的长度;s 为列车每节车厢的长度(m);n 为列车节数;δ 为列车停车误差,当无站台门时应取 1~2m,有站台门时应取 ±0.3m。

2) 站台宽度

站台宽度主要根据车站远期预测高峰小时客流量大小、列车运行间隔时间、结构横断面形式、站台形式、站房布置、楼梯及自动扶梯位置等因素综合考虑确定。站台宽度也可按以下公式计算确定。

岛式站台宽度为

$$B_d = 2b + n \cdot z + t \tag{3-21}$$

侧式站台宽度为:

$$B_c = b + z + t \tag{3-22}$$

$$b = \frac{Q_{\text{上}} \cdot \rho}{L} + b_a \tag{3-23}$$

$$b = \frac{Q_{\text{上,下}} \cdot \rho}{L} + M \tag{3-24}$$

式中:b 为侧站台宽度(m),公式(3-21)和公式(3-22)中,应取公式(3-23)和公式(3-24)计算结果的较大值;n 为横向柱数;z 为纵梁宽度(含装饰层厚度)(m);t 为每组楼梯与自动扶梯宽度之和(含与纵梁间所留空隙)(m);$Q_{\text{上}}$ 为远期或客流控制期每列车超高峰小时单侧上车设计客流量(人);$Q_{\text{上,下}}$ 为远期或客流控制期每列车超高峰小时单侧上、下车设计客流量(人);ρ 为站台上人流密度,取 0.33~0.75m²/人;L 为站台计算长度(m);M 为站台边缘至站台门立柱内侧距离,无站台门时,取 0(m);b_a 为站台安全防护带宽度(m),取 0.4,采用站台门时用 M 代替 b_a 值。

为了保证车站安全运营和安全疏散乘客的基本需要,我国《地铁设计规范》(GB 50157—2013)中规定了车站站台的最小宽度,数值见表 3-8。

3) 站台高度

站台高度是指线路走行轨顶面至站台地面的高度。站台实际高度是指线路走行轨下面结构底板面至站台地面的高度,包括走行轨顶面至道床底面的高度。站台高度主要由车厢地板面距轨顶面的高度而定。《地铁设计规范》(GB 50157—2013)规定了车站各结构的最小高度,见表 3-9。

表3-8 车站各部位的最小宽度

名称		最小宽度/m
岛式站台		8.0
岛式站台的侧站台		2.5
侧式站台(长向范围内设梯)的侧站台		2.5
侧式站台(垂直于侧站台开通道口设梯)的侧站台		3.5
站台计算长度不超过100m且楼、扶梯不伸入站台计算长度	岛式站台	6.0
	侧式站台	4.0
通道或天桥		2.4
单向楼梯		1.8
双向楼梯		2.4
与上、下自动扶梯并排设置的楼梯(困难情况下)		1.2
消防专用楼梯		1.2
站台至轨道区的工作梯(兼疏散梯)		1.1

表3-9 车站各部位的最小高度

名称	最小高度/m
地下站厅公共区(地面装饰层面至吊顶面)	3.0
高架车站站厅公共区(地面装饰层面至梁底面)	2.6
地下车站站台公共区(地面装饰层面至吊顶面)	3.0
地面、高架车站站台公共区(地面装饰层面至风雨棚底面)	2.6
站台、站厅管理用房(地面装饰层面至吊顶面)	2.4
通道或天桥(地面装饰层面至吊顶面)	2.4
公共区楼梯和自动扶梯(踏步面沿口至吊顶面)	2.3

4)车站各部位的高度、宽度及通行能力

车站各部位的最大通过能力参考《地铁设计规范》(GB 50157—2013)中的规定,详见表3-10。

4. 车站主要用房布置

根据地铁运营的要求,在车站内需要设置的主要用房面积可参考表3-11。其他管理用房的房间数及使用面积参考表3-12。

表 3-10 车站各部位的最大通过能力

部位名称		最大通过能力/(人次·h^{-1})
1m 宽楼梯	下行	4200
	上行	3700
	双向混行	3200
1m 宽通道	单向	5000
	双向混行	4000
1m 宽自动扶梯	输送速度 0.5m/s	6720
	输送速度 0.65m/s	不大于 8190
0.65m 宽自动扶梯	输送速度 0.5m/s	4320
	输送速度 0.65m/s	5265
人工售票口		1200
自动检票口		300
人工检票口		2600
自动检票机	三杆式 非接触 IC 卡	1200
	门扉式 非接触 IC 卡	1800
	双向门扉式 非接触 IC 卡	1500

注：自动售票机最大通过能力根据设备实测确定。

表 3-11 地铁运营用房面积一览表

名称	面积/m²	位置及用途
行车主值班室	15～20	行车调度中心,主值班室位于下行线一侧,有道岔的车站值班室设在道岔咽喉处,有 30cm 电缆槽
行车副值班室	8～10	副值班室位于上行线一侧,有电话与主值班室联系
信号设备、继电器室	30	设在主、副值班室中间,正确、安全组织列车运营
信号值班室	15	设备人员工作间,可和材料库合用
通信引入线	15	电缆引入车站
办公、会议、广播	均为 15～20	位于主值班室、站长室附近或位于地面,隔声、噪声强度低于 40dB,混响时间小于 0.4s,木板地
工务工区	10～15	每间隔 5～6km 设置 1 个,存放线路检修工具和材料

表 3-12 地铁管理用房面积一览表

房间名称	间数	面积/m²	位置
站长室	1 间	10～15	站厅层接近车站控制室
车站控制室	1 间	25～35	站厅层客流量最多的一端
站务室及会计室	1 间	10～15	站厅层
保卫室	1 间	15	站厅层客流量多的一端
休息室及更衣室	各 2 间	2×15	设在地面或地下
清扫工具间	2 间	2×6	在站台层、站厅层各设置 1 处
清扫员室	1 间	8	站厅层接近盥洗室处
茶水间	1 间	6～8	站台层或站厅层
盥洗室	1 间	6～8	接近茶水间设置
厕所间	2 间	2×8	内部使用，设在站厅或站台层
售票处	2 间	2×6	设在站厅层
问询处	2 间	2×3	接近售票处设置
补票处	2 间	2×3	需要时设置，设在付费区内
公用电话	2 间	2×2	站厅层
备用间	1 间	15	站厅层或站台层
乘务员休息室	1 间	10～15	在有折返线的车站处设置，站台层
票务室	1 间	10～15	每间隔 3～4 站设 1 处，可设在地面

3.5.4 出入口布置

1. 出入口数量、位置及设计原则

车站出入口的数量应根据吸引与疏散客流的要求设置，每个公共区直通地面的出入口数量不得少于 2 个。每个出入口宽度应按远期或客流控制期分向设计客流量乘以不均匀系数(1.1～1.25)计算确定。

车站出入口布置应与主客流的方向相一致，且宜与过街天桥、过街地道、地下商业街、邻近公共建筑物相结合或连通，宜统一规划，可同步或分期实施，并应采取地铁夜间停运时的隔断措施。当出入口兼有过街功能时，其通道宽度及其站厅相应部位设计应计入过街客流量。

设于道路两侧的出入口与道路红线的间距应按当地规划部门要求确定。当出入口朝向城市主干道时，应有一定面积的集散场地。

地下车站出入口、消防专用出入口和无障碍电梯的地面标高，应高出室外地面 300～

450mm,并应满足当地防淹要求。当无法满足时,应设防淹闸槽,槽高可根据当地最高积水位确定。

车站出入口的位置最好选在沿线主要街道的交叉路口或广场附近,尽量扩大服务半径,方便乘客。一个车站,其出入口的数量要视客运需要与疏散要求而定,最低不得少于2个,且在街道两侧均应设车站出入口。车站如果位于街道的十字交叉口处,且客流量较大时,出入口数量以4个为宜,布置在交叉点的四角,如图3-21所示,这样便于乘客从不同方向进出地铁。

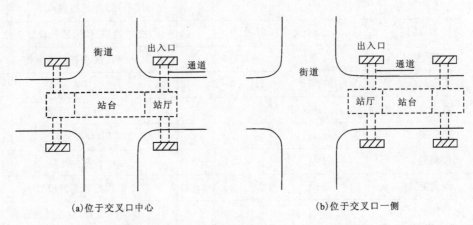

图3-21 街道交叉口处地铁站出入口布置比较

地铁车站位于十字交叉路口的情况相当普遍,十字交叉路口分为"正十字"交叉路口和"斜十字"交叉路口。出入口通常布置在人行道一侧,以保证人员不横穿道路,直接由出入口进入地铁。处于地面多条街道相交路口的大型地铁车站,根据需要也可以设置多个出入口。

2. 出入口口部设计

车站地面出入口的建筑形式,应根据所处的具体位置和周边规划要求确定。地面出入口可为合建式或独立式,并宜采用与地面建筑合建式。有如下几种方式。

(1) 简单出入口。除出入口口部外不设其他房间的出入口称为简单出入口。这种出入口仅供乘客进出车站使用,不设售检票设施。简单出入口可设计成敞口式、半封闭式或全封闭式。可以独建,也可以与其他建筑物合建在一起,或与车站地面通风亭组建在一起。

(2) 地面站厅。将车站的一部分用房、售检票设施、地面通风亭与出入口组合在一起,修建成地面站厅的形式,这种形式的出入口称地面站厅。地面站厅可以单独修建,也可以与其他建筑物合建在一起。

3. 出入口通道

连接出入口与车站站厅之间的通行道路称为出入口通道。地下出入口通道应力求短、直,通道的弯折不宜超过2处,弯折角度不宜小于90°。地下出入口通道长度不宜超过100m,当超过时应采取能满足消防疏散要求的措施。

1)地道式出入口通道

设在地面以下的出入口通道称为地道式出入口通道。对于浅埋地铁车站,当出入口下面的地面与车站站厅地面高差较小时,其坡度小于12%时可设置坡道,其坡道大于12%时宜设置踏步;如高差太大,可考虑设置自动扶梯。在深埋地铁车站出入口通道内应设自动扶梯。出入口通道长度超过100m,可考虑设置自动步道。

2)出入口通道宽度设计

出入口通道宽度应根据各出入口已确定的客流量及通道通过能力并经计算确定。如出入口通道与城市人行过街通道合建,其宽度还应加上过街客流所需的宽度。出入口通道内如设有楼梯踏步或自动扶梯,设置楼梯或自动扶梯处的出入口通道宽度应根据其通过能力加大。

地铁地下车站的出入口通道宽度计算简图可参见图3-22。具体尺寸可按式(3-25)、式(3-26)计算。

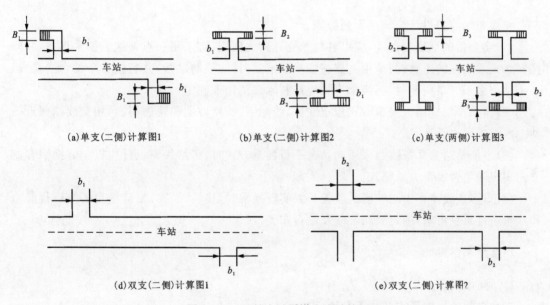

图 3-22 地铁车站通道宽度计算图

(1)单只(二侧)

$$b_1 = \frac{Q \times k}{c_1 \times 2} \quad (3-25)$$

(2)双支(二侧)

$$b_2 = \frac{Q \times a}{c_1 \times 4} \quad (3-26)$$

式中:Q 为高峰小时客流量(人/60min);k 为超高峰系数,一般取 1.1~1.25;c_1 为通道双向混行通过能力[人/(m·h)],取值参考前文表3-10的相关规定。

4. 楼梯宽度计算

楼梯宽度计算式为

$$B=\frac{Q\times T}{C}(1+a_b)\cdot k \qquad(3-27)$$

式中：B 为楼梯宽度(m)；Q 为高峰小时通过客流量(人/60min)；T 为列车运行间隔时间(min)；C 为楼梯通过能力[人/(m·min)]；a_b 为加宽系数，一般取 0.15；R 为超高峰系数，一般取 1.1～1.25。

出入口、楼梯及通道的最小尺寸应满足前文表 3-8、表 3-9 的相关规定。

3.5.5 换乘车站布置

1. 换乘车站线路设计

换乘车站线路设计应满足下列原则。

(1)换乘站的规划与设计，应以各线独立运营为原则，宜采用一点两线的换乘形式，并宜控制好换乘高差的距离；当采用一点三线换乘形式时，应控制层数，并宜按 2 个站台层设置；一个站点多于 3 条线路时，其换乘形式应经技术经济论证确定。

(2)换乘车站应结合换乘方式拟定线位、线间距、线路坡度和轨面高程，相交线路邻近一站一区间宜同步设计。

(3)当换乘站为 2 条线路采用同站台平行换乘方式时，车站线路设计应以主要换乘客流方向实现同站台换乘为原则。

(4)当多条线路在中心城区共轨运行并实行换乘时，接轨(换乘)站应满足各线运行能力和共轨运行总量需求，确定线路配线及站台布置。

2. 换乘车站设计

1)站间换乘形式

车站之间的换乘形式有如下几种(图 3-23)。

(1)"一"字形换乘。2 个车站上、下重叠设置则构成"一"字形组合。站台上、下对应，双层设置，便于布置楼梯、自动扶梯，换乘方便。

(2)"L"形换乘。2 个车站上、下立交，车站端部相互连接，在平面上构成"L"形组合，组合相交的角度不限。在车站端部连接处一般设站厅或换乘厅。有时也可将 2 个车站相互拉开一段距离，使它们在区间立交，这样可减少 2 个车站间的高差，减少下层车站的埋深。

(3)"T"形换乘。2 个车站上、下立交，其中一个车站的端部与另一个车站的中部相连接，在平面上构成"T"形组合，相交的角度不限。可采用站厅换乘方式或站台换乘方式。2 个车站之间也可拉开一段距离，以减少下层车站的埋深。

(4)"十"字形换乘。2 个车站中部相立交，在平面上构成"十"字组合。相交的角度不限。"十"字形换乘车站采用站台直接换乘的方式。

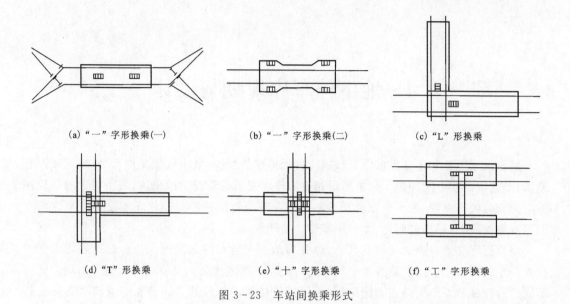

图 3-23 车站间换乘形式

(5)"工"字形换乘。2个车站在同一水平面平行设置时,通过天桥或地道换乘,在平面上构成"工"字形组合。"工"字形换乘车站采用站台直接换乘的方式。

2)站内换乘形式

(1)站台直接换乘。站台直接换乘有2种方式,一种方式是指2条不同线路分别设在一个站台的两侧;另一种方式是指乘客由一个车站的站台通过楼梯或自动扶梯换乘到另一个车站站台,这种换乘方式多用于2个车站相交或上、下重叠式的车站。当2个车站位于同一平面时,可通过天桥或地道进行换乘。站台直接换乘的换乘路线最短,换乘高度最小,没有高度损失,因此对乘客来说比较方便,并节省了换乘时间。

(2)站厅换乘。站厅换乘是指乘客由某层车站站台经楼梯、自动扶梯到达另一个车站站厅的付费区内,再经楼梯、自动扶梯到达站台的换乘方式。这种换乘方式多用于相交的2个车站。站厅换乘的换乘路线较长,提升高度较大,有高度损失,需设自动扶梯,增加了用电量,造价较高。

(3)通道换乘。当2个车站不直接相交时,相互之间可采用单独设置的换乘通道进行换乘,这种换乘方式称为通道换乘。通道换乘的换乘路线长,换乘时间也较长。由于需要增加通道,因而这种换乘形式造价较高。换乘通道的位置尽量设置在车站中部,可远离站厅出入口,避免与出入站客流交叉干扰,换乘客流不必出站即可直接进入另一车站的付费区内。

4 地下停车库规划与设计

随着汽车工业的迅猛发展以及城镇化进程速度的加快,城市机动车保有量、使用频率急剧增长,这就需要一定的停车位来满足相应的停车需求。就现阶段来讲,城市可供规划使用的空间资源极其有限,停车位供给严重不足。在停车位供给不足与停车需求不断上涨两方面的双重约束下,停车难问题在大、中城市日趋严重。

城市道路交通根据交通流的状态,可分为动态交通和静态交通。动态交通是指由于出行而产生的行驶在道路上的各种车辆组成的交通流总体状况。而静态交通是指车辆为完成不同的出行目的而产生的在不同区域、不同停放场所的停放状态。静态交通和动态交通是一个有机的整体,相互影响,相互制约,而且随着城市交通的发展,静态交通将发挥越来越大的作用。规划布局合理的城市停车设施是满足人民美好生活需要的重要保障,也是现代城市发展的重要支撑。

4.1 地下停车库规划及选址

4.1.1 地下停车库规划内容及流程

地下停车库规划的内容包括以下方面。

(1)城市现状调查。内容包括城市性质、人口、道路分布等级、交通流量、地面地下建筑分布及其性质、地下设备设施的分布及其性质等。

(2)城市土地使用情况调查。内容包括土地使用性质、价格、政策、使用类型及其分布等。

(3)机动车发展预测、道路发展规划、机动车发展与道路现状及发展预测。

(4)停车场和车库的总体规划方案编制与论证。

(5)停车场和车库总平面及建筑设计。

地下停车系统规划技术流程见图4-1。

4.1.2 地下停车库选址

机动车库建筑规模应按停车当量数划分为特大型、大型、中型、小型,车库建筑规模及停车当量数见表4-1。

4 地下停车库规划与设计

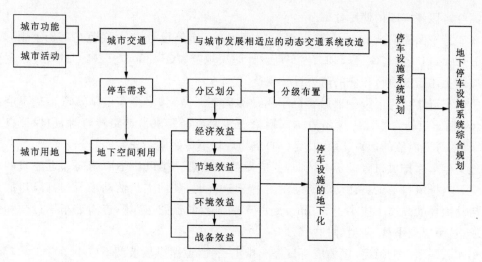

图 4-1 地下停车系统规划技术流程

表 4-1 车库建筑规模及停车当量数

规模	特大型	大型	中型	小型
机动车库停车当量数/辆	>1000	301~1000	51~300	≤50

车库基地的选择应符合城镇的总体规划、道路交通规划、环境保护及防火等要求,还应充分利用城市土地资源,地下车库宜结合城市规划中拟建的地下空间开发及地下人防设施进行综合设置。与地下商业街、地铁车站、地下步行道等大型地下设施相结合,可充分发挥地下停车库的综合效益。

专用车库基地宜设在单位专用的用地范围内。公共车库基地应选择建在停车需求大的位置,在大型公共建筑、大型交通枢纽、集中居住区、公共汽车以及轨道交通首、末站等处均应布置适当容量的公共车库,并宜与主要服务对象位于城市道路的同侧,以利于使用方便及交通安全。

车库基地与主要服务对象之间的距离不宜过大,机动车库的服务半径不宜大于500m。在城市中心地区宜适当减小服务半径,可控制在200m以内;在风景名胜区,为减少对环境的影响,可适当增加服务半径;也可适当增加大型公共交通枢纽,如大型机场、火车站、客运站、轮船码头等的服务半径。

特大型、大型、中型机动车库的基地宜临近城市道路,有利于减少对功能分区内环境的干扰和影响。为保证车辆行驶安全,且减少对城市交通的影响,车辆宜通过缓冲通道到达城市道路;当城市道路不相邻时,应设置通道连接。

4.1.3 地下停车库总平面布局

车库总平面可根据需要设置车库区、管理区、服务设施、辅助设施等,功能分区应合理,交通组织应安全、便捷、顺畅,在停车需求较大的区域,机动车库的总平面布局宜有利于提高停车高峰时段停车库的使用效率。

车库总平面的防火设计应符合现行国家标准《建筑设计防火规范(2018年版)》(GB 50016—2014)和《汽车库、修车库、停车场设计防火规范》(GB 50067—2014)的规定。附建式车库应随主体建筑执行相应的防火设计规范。

机动车道路转弯半径应根据通行车辆种类确定。微型、小型车道路转弯半径不应小于3.5m,消防车道转弯半径应满足消防车辆最小转弯半径要求。道路转弯时,应保证良好的通视条件,弯道内侧的边坡、绿化及建(构)筑物等均不应影响行车视距。

地下停车库排风口宜设于下风向,并应做消声处理。排风口不应朝向邻近建筑的可开启外窗。当排风口与人员活动场所的距离小于10m时,朝向人员活动场所的排风口底部距人员活动地坪的高度不应小于2.5m。允许车辆通行的道路、广场,应满足车辆行驶和停放的要求,且面层应平整、防滑、耐磨。

车库总平面内的道路、广场应有良好的排水系统,道路纵坡坡度不应小于0.2%,广场坡度不应小于0.3%。当机动车道路纵坡相对坡度大于8%时,应设缓坡段,便于与城市道路连接。

车库总平面场地内,车辆能够到达的区域应有照明设施。在车库总平面内宜设置电动车辆的充电设施,应设置交通标识引导系统和交通安全设施;在对社会开放的机动车库场地内宜根据需要设置停车诱导系统、电子收费系统、广播系统等。

4.2 停车需求-供给预测分析

4.2.1 停车需求预测内容及流程

1. 停车需求预测目的

地下停车需求预测是城市停车规划不可或缺的主要内容,是确定地下停车库布局、规模和制定各种停车管理政策的前提。科学合理的停车需求预测是做好地下停车规划的基础,也会影响规划和管理部门相应停车政策的制定,更可为停车设施选址和泊位建设提供数据支撑。城市地下停车需求是受土地开发强度、用地性质、停车配建指标、地下停车比例、城市区位、建筑物面积以及交通政策等因素综合影响的结果。

2. 停车需求预测工作内容及流程

停车需求预测的主要工作是全面分析研究停车系统的现状,对内在发展规律进行调查,通过分析计算停车调查数据,通过停车特征参数建立预测模型,预测未来年停车设施的数量和分布,为停车设施规划提供依据。

停车需求还分为微观停车需求和宏观停车需求。微观停车需求预测是指结合规划经验和实际需求,确定路内停车场、路外公共停车场和配建停车场的规模,它的研究对象是某一个或某几个停车场。宏观停车需求预测则是指预测更广大区域需求,确定未来停车需求的总量。

地下停车库需求预测技术流程如图4-2所示。

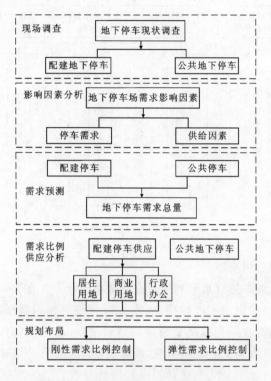

图4-2 地下停车库需求预测技术流程

4.2.2 停车需求预测模型

因停车需求预测的出发点以及所参考的基本数据不同,停车需求预测模型可以归为如下三大类(图4-3)。

1. 以土地利用与停车设施之间关系为基础的模型

1)停车产生率模型

该模型将各类不同用地性质地块看作停车吸引源,根据各类不同用地性质地块单位停车需求数量和用地数量,计算得到各单个地块的停车需求,然后将各单个地块的停车需求求和得到区域总停车需求量。其模型如下

$$P_{di} = \sum_{j=1}^{n} R_{dij} \times L_{dij} \qquad (4-1)$$

式中:P_{di}为第d年i区高峰时间停车总需求泊位数;R_{dij}为第d年i区j类性质用地单位停车需求泊位数,即停车产生率;L_{dij}为第d年i区j类性质用地数量(建筑面积、土地面积、营业额或就业岗位)。

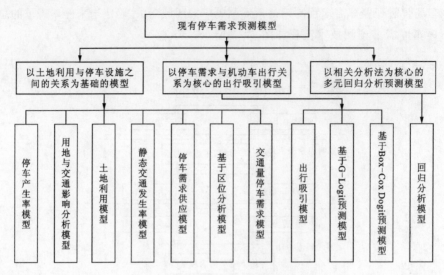

图4-3 现有停车需求预测模型分类

2) 用地与交通影响分析模型

该模型根据现有机动车拥有水平和现行交通政策下所产生的停车需求与不同性质的建筑面积之间的关系,未来的用地发展规模,确定土地利用影响函数所产生的停车需求;同时考虑未来城市机动车拥有水平和道路交通量的增长情况,确定高峰停车需求的交通影响函数;综合土地利用影响函数和交通影响函数,推算机动车高峰停车需求。其模型表达式为

$$P_i = f(x_i) \times f(\gamma_q) \tag{4-2}$$

式中:P_i 为规划 i 小区高峰停车需求泊位数;$f(x_i)$ 为停车需求的土地利用影响系数;x_i 为第 i 种类型土地利用的规模(建筑面积);$f(\gamma_q)$ 为停车需求的交通影响函数;γ_q 为区域内交通量的增长率。

3) 土地利用模型

该模型主要是根据停车需求与建筑面积、雇员数量之间的关系来预测规划年的停车需求。模型假设:一个以商业为主的地区,雇员上班出行将引起长时间停车需求,进行的商业活动引起短时间停车需求。其模型表达式为

$$d_i = A_L \times \left(\frac{e_i}{\sum_i e_i}\right) + A_S \times \left(\frac{F_i}{\sum_i F_i}\right) \tag{4-3}$$

式中:d_i 为第 i 区的停车需求;A_L 为规划区域内长时间停车需求总量;A_S 为规划区域内短时间停车需求总量;e_i 为第 i 区雇员数;F_i 为第 i 区零售与服务业的建筑面积。

4) 静态交通发生率模型

该模型是根据城市区域内停车需求与土地特性、工作岗位的关系来确定的,其模型表达式为

$$P_j = f(L_{ij}) = \sum_i a_i \times L_{ij} \tag{4-4}$$

式中:P_j 为规划年 j 区日停车需求(标准车位);L_{ij} 为规划年 j 区 i 类用地职工工作岗位

(个);a_i为第i类用地静态交通发生率(标准车次/100工作岗位·日)。

5)停车需求供应模型

该模型考虑了其他模型没有考虑的价格因素、服务水平对停车需求的影响以及停车场利用率和周转率对停车需求的折减。其模型表达式为

$$y_i = \frac{\sum_{j=1}^{N} a_{ij} \times R_{ij}}{\rho \times \gamma} \times \mu \times \sigma \qquad (4-5)$$

式中:y_i为i区高峰时间停车需求;a_{ij}为i区j类性质单位用地面积(或单位雇员数)停车需求;R_{ij}为i区j类性质用地面积(或单位雇员数);ρ为高峰时间周转率(当$\rho<1$,取1);γ为高峰时间利用率;μ为价格因素的影响率;σ为服务水平的影响率。

6)基于区位分析模型

此模型将区位分析引入静态交通需求预测,主要以大型交易中心为研究对象,建立的停车需求预测模型数学表达式如下

$$P = d \times \sum_{i}(C_i \times M_i \times L \times R_i) + d' \times q' \times R' \qquad (4-6)$$

式中:P为停车需求;d为节假日交易中心交通吸引影响系数;d'为节假日周边交通变化系数;C_i为第i种用地规模(面积、建筑规模等);M_i为第i种用地性质本身机动车吸引系数;L为区位影响系数,与区位势能成正比;R_i为吸引(由于用地性质i所吸引的交通流量)的停车比率;q'为诱增交通流量;R'为诱增流量停车比率。

7)交通量停车需求模型

该模型提出任何地区的停车需求必然是到达该地区行驶车辆被吸引的结果,停车需求为通过该地区流量的某一百分比。其模型表达式为

$$\lg P_i = A + B \times \lg V_i \qquad (4-7)$$

式中:P_i为预测年第i区的机动车日停车需求(标准小汽车);V_i为预测年第i区的交通吸引量;A、B为回归系数。

2. 以停车需求与机动车出行关系为核心的出行吸引模型

1)出行吸引模型

该模型中停车需求的生成与地区的经济活动强度有关,而经济活动的强度又可用该地区吸引的机动车出行次数来代表。其预测的基本原理是确定停车需求与区域机动车出行吸引量之间的关系。预测框架如图4-4所示。

图4-4 出行吸引模型预测框架

2)基于G-Logit的预测模型

该模型是停车需求预测的出行吸引的基本思想建立在随机效用理论基础上的模型。该

模型提出运用逐步多元回归分析技术、非线性最小二乘法和二步检验技术等求解与检验的方法。

3) 基于 Box－Cox Dogit 预测模型

该模型是一种建立在随机效用理论基础上的基于 G－Logit 的停车需求预测模型。其表达式为：

$$P = \sum_{i=1}^{J} \delta_i \times P_i \quad (4-8)$$

$$P_i = \lambda_i \times P_i \times \sum_{j=1}^{J} Q_j + \xi_i \quad (4-9)$$

式中：P 为停车需求总量；P_i 为第 i 种机动车的停车需求总量；p_i 为选择第 i 种机动车出行的概率，之和等于 1；δ_i 为第 i 种机动车换算成标准小汽车泊位的换算系数；λ_i 为第 i 种机动车出行中产生的停车需求的比例；ξ_i 为不能影响第 i 种机动车出行而能影响其停车需求的因素变动项；Q_j 为第 j 个小区的交通量；J 为规划区域划分的小区的数量。

3. 以相关分析法为核心的多元回归分析预测模型

该模型认为，停车需求与城市经济活动、土地利用等许多因素之间存在某种关系，可通过采用回归分析的方法，从历史资料（停车资料以及经济、人口、用地和交通等资料）中找寻存在的关系。该数学模型表达式为

$$\begin{aligned} P_{di} = & K_0 + K_1(Ep_{di}) + K_2(PO_{di}) + K_3(FA_{di}) + K_4(DU_{di}) \\ & + K_5(RS_{di}) + K_6(AO_{di}) + \cdots \end{aligned} \quad (4-10)$$

式中：P_{di} 为第 d 年 i 区的高峰时间停车需求（车位）；Ep_{di} 为第 d 年 i 区的就业岗位数；PO_{di} 为第 d 年 i 区的人口数；FA_{di} 为第 d 年 i 区的建筑面积；DU_{di} 为第 d 年 i 区的单位数；RS_{di} 为第 d 年 i 区的零售服务业数；AO_{di} 为第 d 年 i 区的小汽车保有量；K_j 为回归系数。

4.2.3 停车供给量估算

1. 停车供给策略

以上模型更适合于大尺度范围内停车需求的预测，对小区域或者小范围的各类建筑物而言，除社会公共停车设施，还可以通过建筑物配建停车设施来估算停车需求。

住房和城乡建设部于 2015 年 9 月颁布的《城市停车设施规划导则》（以下简称《导则》）5.5 节详细规定了城市停车供给总量应在停车需求预测的基础上，符合下列规定：①规划人口规模大于 50 万人的城市，机动车停车位供给总量宜控制在机动车保有量的 1.1～1.3 倍之间；②规划人口规模小于 50 万人的城市，机动车停车位供给总量宜控制在机动车保有量的 1.1～1.5 倍之间。

2. 建筑物分类及配建停车位

就建筑物分类与配建停车位标准问题，《导则》也规定需配建停车位的建筑物应按照土

地使用性质划分大类,按照建筑物类型、使用对象及各类建筑物停车需求特征细分建筑物子类,并根据城市的发展特点调整。建筑物配建停车位标准的制定应结合城市特点开展专题研究,体现停车位总量控制和分区差别化原则。

(1)各类建筑物配建停车位标准应按照差别化原则合理设定下限与上限控制标准。

(2)城市中心区的停车配建标准应低于城市外围地区。中心区、公共交通发达地区的商业、办公等建筑物应设置上限标准,合理控制停车设施规模。

(3)在相同区域内公交服务水平高的地区,可降低配建停车位标准。轨道交通站点500m半径覆盖区域内建筑物停车配建标准比其他区域进一步降低。

(4)机场、港口、公交枢纽、体育设施等大型公共建筑物,以及其他重大建设项目通过开展交通影响评价,专题论证和确定配建停车位规模。

(5)考虑停车位的共享和高效利用,城市综合体等多种性质混合的建筑物配建停车位规模可小于各单种性质建筑物配建停车位规模总和,不应低于各种性质建筑物需配建停车位总规模的80%。

(6)对于新建或改建的住宅项目,若周边邻近300m范围内地块存在基本停车位缺口,可适当增补该项目停车配建标准并对周边共享使用。原则上增配量不超过标准配建数量的20%,且不能对周边道路交通产生显著影响。

(7)建筑物停车位配建标准应根据需要,结合城市停车设施专项规划编制进行调整。

我国不少城市针对城市发展的规模和特点,提出了停车位配建的最低标准,确保停车的供给量。表4-2列举的就是武汉市各类建筑物配建停车场车位指标(《武汉市建设工程规划管理技术规定》〔武汉市人民政府令第248号〕)。

表4-2 武汉市各类建筑物配建停车场车位指标(2014年版)

序号	建筑类别		计量单位	机动车				非机动车	备注
				一环线以内	一环线与二环线之间	二环线与三环线之间	三环线以外		
1	住宅	低层联排住宅	停车位/户	1	1.5	2	2	/	
		酒店式公寓	停车位/100m²建筑面积	1	1	1.5	1.8	0.3	
		普通商品住宅		1/户	0.9/100m²建筑面积	1.0/100m²建筑面积	1.2/100m²建筑面积	0.5/100m²建筑面积	
		经济适用房、廉租房、公租房	停车位/户	0.25	0.3	0.35	0.4	0.8	

续表 4-2

序号	建筑类别		计量单位	机动车				非机动车	备注
				一环线以内	一环线与二环线之间	二环线与三环线之间	三环线以外		
2	商业	一类	停车位/100m²建筑面积	0.6	0.8	1	1.2	0.8	指综合性商场、购物中心等
		二类		1	1.5	2	2.5	1.5	指大型超市、批发市场等
		三类		0.3	0.4	0.5	0.6	1.5	居住区级的商业中心
3	办公	行政办公	停车位/100m²建筑面积	1	1.2	1.5	1.8	1.2	
		其他办公		0.8	1	1.2	1.5	1.5	
		会议中心		1	1.2	1.5	1.8	1.2	
4	酒店宾馆	五星级及以上	停车位/100m²建筑面积	0.8	1	1.2	1.5	0.2	
		三~四星级		0.5	0.7	1	1.2		
		其他酒店		0.25	0.4	0.5	0.7	0.3	指经济型酒店、一般招待所
5	餐饮娱乐	大型	停车位/100m²建筑面积	1.5	2	2.5	3	1	餐饮指建筑面积≥5000m² 娱乐指建筑面积≥3000m²
		一般		1	1.5	2	2.5	1	餐饮指建筑面积<5000m² 娱乐指建筑面积<3000m²
6	医疗	三甲医院	停车位/100m²建筑面积	1.5	2	2.5	3	1.2	
		一般医院		0.8	1.0	1.2	1.5	1.0	
		社区医院		0.5	0.6	0.7	0.8	0.8	
		疗养院		0.4	0.5	0.6	0.7	/	
7	体育场馆	一类	停车位/百座	4	4.5	5	5.5	15	指座位数≥15 000座的体育场、座位数≥4000座的体育馆

续表 4-2

序号	建筑类别		计量单位	机动车				非机动车	备注
				一环线以内	一环线与二环线之间	二环线与三环线之间	三环线以外		
7	体育场馆	二类	停车位/百座	3	3.5	4	4.5	15	指座位数<15 000座的体育场、座位数<4000座的体育馆
8	文娱	电影院	停车位/百座	5	5	5	5	8	
		剧院	停车位/百座	10	10	10	10	10	
		博物馆、图书馆	停车位/100m²建筑面积	0.4	0.6	0.8	1.0	2	
		展览馆	停车位/100m²建筑面积	0.6	0.6	0.8	0.8	1.5	
9	公园	综合公园、主题公园	停车位/10 000m²占地面积	8	12	15	18	3	
		一般性公园		2	4	6	8	15	
10	交通	火车站	停车位/高峰日每百旅客	/	/	4	4	2	
		汽车站		2.5	2.5	3	3	2.5	
		客运码头		2.0	2.0	2.5	2.5	1	
		客运机场		/	/	/	10	/	
11	教育	幼儿园	停车位/班	2	3	4	5	/	校址范围内至少设2个小型车停车位
		小学		6	8	10	12	30	
		中学		4	5	6	7	50	
12	工业、仓储		停车位/100m²建筑面积	0.2	0.4	0.6	0.8	/	

注：(1)上表中指标为最低控制值。
(2)综合性建筑配建停车位指标按各类性质和规模分别计算。
(3)三星级及以上酒店、大型餐饮娱乐设施、剧院、博物馆、图书馆、展览馆按每1000m²建筑面积配建1个旅游巴士停车位。
(4)考虑建设成本和利用率等问题，本表中教育类建筑的停车配建标准仍未满足高峰时间的停车需求，建议在学校周边增设公共停车场或临时停车位。

4.2.4 地下停车需求比例分配

通过以上需求模型获得停车需求或者车位供给量,然后通过地下停车需求比例对地下停车库进行计算和规划设计。地下停车比例可通过以下几种方式进行估算。

1. 按照建筑物区位划分

根据建筑物所处城市区域的不同,可将城市区域分成中心城区、副中心城区、交通枢纽区、外围城区。城市不同区位配建地下停车需求比例如表4-3所示。

表4-3 城市不同区位配建式地下停车需求比例分级

需求区位	功能分区	地下停车需求特征	地下停车需求比例/%
一级	城市中心区	以商务办公、商业、一类居住用地、行政办公用地为主	90~100
二级	城市副中心区	以一类居住用地、行政办公用地、商业用地为主	80~90
三级	交通枢纽区	以商业、居住、办公功能为主的用地	70~80
四级	城市外围地区	以公共设施、物流基地、产业园功能为主的用地	60~70

2. 根据土地利用性质划分

用地越复杂、人口越密集,对地下停车需求越高。根据城市土地利用功能将地下停车需求比例划分为4级,相应的地下停车比例如表4-4所示。

表4-4 不同用地功能地下停车比例需求分级

用地功能		等级			
		一级	二级	三级	四级
		比例/%			
居住用地	重点开发居住区	90~100	—	—	—
	新增、改善居住区	—	80~90	—	—
	城中村改造居住区	—	—	70~80	—
	闲置居住区	—	—	—	60~70
商业用地	重点开发商业区	90~100	—	—	—
	新增、改善商业区	—	80~90	—	—
	城中村改造商业区	—	—	70~80	—
	闲置商业区	—	—	—	60~70

续表 4-4

用地功能		等级			
		一级	二级	三级	四级
		比例/%			
行政办公用地	重点开发行政办公区	90~100	—	—	—
	新增、改善行政办公区	—	80~90	—	—
	城中村改造行政办公区	—	—	70~80	—
	闲置行政办公区	—	—	—	60~70

3. 根据建筑物配建指标划分

1）居住类建筑物

居住类建筑物配建停车位主要服务于居住在该建筑物的私人车辆停放和探亲访友车辆停放，因此停车位数量的配建标准受居住质量的影响较大，可参考表 4-5 进行比例划分。

表 4-5　居住用地地下停车需求比例划分

分类依据		分类方式			
建筑面积		$S \leqslant 80m^2$	$80 < S \leqslant 120m^2$	$S > 120m^2$	别墅
配建指标/(辆/每户)		0.1~0.3	0.2~0.8	0.4~1.0	1.0~2.0
建设类型		普通公寓	经济适用型居住区	舒适型居住区	别墅型居住区
房屋高度		多层为主高密度	高层为主高密度	多层为主低密度	低层为主低密度
建设区位折减/%	市中心	50	60	70	80
	城市一般地区	60	70	80	90
	郊区	100	100	100	100
地面停车比例/%		≤20	≤15	≤10	≥90
地下停车比例/%		70~80	85~90	90~100	5~10

2）商业类建筑物

商业类建筑物配建停车位主要为在该建筑物内的工作人员以及外来从事商业活动的人员提供车辆停放场所，具体指标分配如表 4-6 所示。

3）办公类建筑物

办公类建筑物配建停车位主要为该建筑物内的工作人员以及外来从事公务活动的人员提供车辆停放场所，具体指标分配如表 4-7 所示。

表 4-6 商业用地地下停车需求比例划分

分类依据		分类方式			
经营种类		市区综合商业大楼	仓储式购物中心	批发交易市场	独立农贸市场
配建指标/(泊位·100m^{-2})		0.2~0.5	0.6~1.0	1.0~2.0	—
服务性质		商业服务型	商业餐饮型	商业居住型	—
建设区位折减/%	CBD	50	70	80	—
	中心城区	60	80	90	—
	郊区	100	100	100	—
地面停车比例/%		≤10	≤20	≤40	—
地下停车比例/%		90~100	80~90	60~70	—

表 4-7 办公用地地下停车需求比例划分

分类依据		分类方式		
经营种类		行政办公	商务办公	其他办公
配建指标/(泊位·100m^{-2})		0.8~2.0	0.4~0.6	0.2~0.6
服务性质		行政机关办公楼	金融外贸办公楼	普通写字楼
建设区位折减/%	CBD	40	60	80
	中心城区	50	70	90
	郊区	100	100	100
地面停车比例/%		≤10	≤15	≤30
地下停车比例/%		90~100	85~90	70~80

4.3 地下停车库平面及建筑设计

4.3.1 停车位指标估算

应根据停放车辆的设计车型外廓尺寸对机动车库进行设计。机动车设计车型的外廓尺寸可按表 4-8 取值。机动车库应以小型车为计算当量进行停车当量的换算,各类车辆的换算当量系数按表 4-9 的规定取值。

此外,机动车之间以及机动车与墙、柱、护栏之间的最小净距应满足表 4-10 的相关要求。

表 4-8 机动车设计车型的外廓尺寸

设计车型		外廓尺寸/m		
	尺寸	总长	总宽	总高
微型车		3.80	1.60	1.80
小型车		4.80	1.80	2.00
轻型车		7.00	2.25	2.75
中型车	客车	9.00	2.50	3.20
	货车	9.00	2.50	4.00
大型车	客车	12.00	2.50	3.50
	货车	11.50	2.50	4.00

表 4-9 机动车换算当量系数

车型	微型车	小型车	轻型车	中型车	大型车
换算系数	0.7	1.0	1.5	2.0	2.5

表 4-10 机动车之间以及机动车与墙、柱、护栏之间的最小净距

项目		机动车类型		
		微型车、小型车	轻型车	中型车、大型车
平行式停车时机动车间纵向净距/m		1.20	1.20	2.40
垂直式、斜列式停车时机动车间纵向净距/m		0.50	0.70	0.80
机动车横向净距/m		0.60	0.80	1.00
机动车与柱间净距/m		0.30	0.30	0.40
机动车与墙、护栏及其他构筑物净距/m	纵向	0.50	0.50	0.50
	横向	0.60	0.80	1.00

注：(1)纵向指机动车长度方向，横向指机动车宽度方向。
(2)净距指最近距离，当墙、柱外有突出物时，从其凸出部分外缘算起。

4.3.2 停车布置及车道设计

一般而言，停车库分为出入口和停车区两部分。停车区域又由停车位和通车道组成，其布置受不同停车方式的影响。

1. 停车方式

停放方式是指车辆在车位上停放后，车的纵向轴线与行车通道中心线所形成的角度。

停车方式可采用平行式(图4-5)、斜列式(倾角30°、45°、60°)(图4-6)和垂直式(图4-7)或混合式。从车辆交通组织的方式来看,停车方式也可分为"前进停车、前进出车""前进停车、后退出车""后退停车、前进出车"3种驾驶方式。

停车区域的停车方式应排列紧凑、通道短捷、出入迅速、保证安全和与柱网相协调,并应满足一次进出停车位要求。

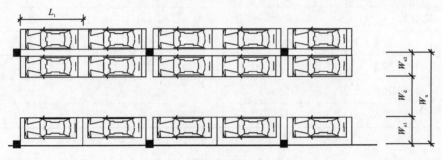

图4-5 平行式停车方式

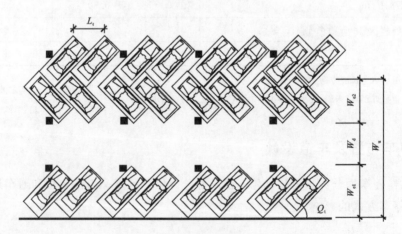

(a)斜列式停车方式可能性布局

(b)斜列式停车方式

图4-6 斜列式停车方式

4 地下停车库规划与设计

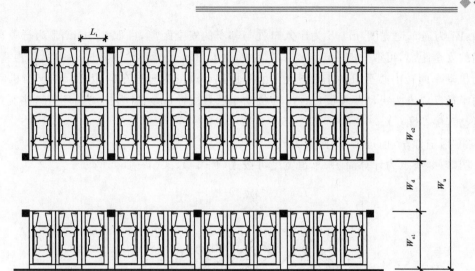

图 4-7 垂直式停车方式

注：W_u 为停车带宽度；W_{e1} 为停车位毗邻墙体或连续分隔物时，垂直于通(停)车道的停车位尺寸；W_{e2} 为停车位毗邻时，垂直于通(停)车道的停车位尺寸；W_d 为通车道宽度；L_t 为平行于通车道的停车位尺寸；Q_t 为机动车倾斜角。

2. 车道宽度

地下车库的通道宽度和车辆停放方式密切相关。机动车最小停车位、通(停)车道宽度可通过计算或作图法求得，且库内通车道宽度应大于或等于 3.0m。

1)"前进停车、后退出车"停车方式

图 4-8 所示为计算简图，车道宽度计算公式为(注：公式适用于停车角度 60°～90°，45°及 45°以下布置情况)

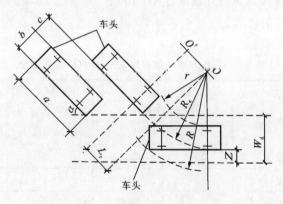

图 4-8 前进停车平面示意图

$$W_d = R_e + Z - \sin\alpha[(r+b)\cot\alpha + e - L_r] \tag{4-11}$$

$$L_r = e + \sqrt{(R+S)^2 - (r+b+c)^2} - (c+b)\cot\alpha \tag{4-12}$$

$$R_e = \sqrt{(r+b)^2 + e^2} \tag{4-13}$$

式中:W_d 为通车道宽度(m);S 为出入口处与邻车的安全距离,可取 300mm;Z 为行驶车与车或墙的安全距离,可取 500~1000mm;L_r 为机动车回转入位后轮回转中心的偏移距离(m);R_e 为机动车回转中心至机动车后外角的水平距离(m);c 为车与车的距离(m);r 为机动车环行内半径(m);b 为机动车宽度(m);e 为机动车后悬尺寸(m);R 为机动车环行外半径(m);α 为机动车停车角(°)。

2)"后退停车、前进出车"停车方式

图 4-9 所示为计算简图,车道宽度可按式(4-14)、式(4-15)计算。

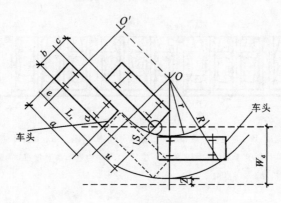

图 4-9 退后停车平面示意图

$$W_d = R + Z - \sin\alpha[(r+b)\cot\alpha + (a-e) - L_r] \quad (4-14)$$

$$L_r = (a-e) - \sqrt{(r-s)^2 - (r-c)^2} + (c+b)\cot\alpha \quad (4-15)$$

式中:a 为机动车长度(m);其他同上。

当计算出的通车道宽小于机动车宽度加两侧的安全距离(500~1000mm)时,取后者,且不小于 3.0m。按照《车库建筑设计规范》(JGJ 100—2015),小型车的最小停车位、通(停)车道宽度宜符合表 4-11 的要求。

表 4-11 小型车的最小停车位、通(停)车道宽度

停车方式		垂直通车道方向的最小停车位宽度/m		平行通车道方向的最小停车位宽度 L_t/m	通(停)车道最小宽度 W_d/m
		W_{e1}	W_{e2}		
平行式	后退停车	2.4	2.1	6.0	3.8
斜列式	30° 前进(后退)停车	4.8	3.6	4.8	3.8
	45° 前进(后退)停车	5.5	4.6	3.4	3.8
	60° 前进停车	5.8	5.0	2.8	4.5
	60° 后退停车	5.8	5.0	2.8	4.2
垂直式	前进停车	5.3	5.1	2.4	9.0
	后退停车	5.3	5.1	2.4	5.5

进一步可计算出最小每停车位的面积,见表4-12。其中,每辆车的停车面积按通道两侧均停车计算,但未计算坡道等建筑面积。

表4-12 最小每停车位面积

停车方式		最小每停车位面积/(m²·辆⁻¹)					
		微型车	小型车	轻型车	中型车	大货车	大客车
平行式	前进停车	17.4	25.8	41.6	65.6	74.4	86.4
斜列式	30° 前进(后退)停车	19.8	26.4	41.6	59.2	64.4	71.4
	45° 前进(后退)停车	16.4	21.4	40.9	53.0	59.0	69.5
	60° 前进停车	16.4	20.3	34.3	53.4	59.6	72.0
	60° 后退停车	15.9	19.9	40.3	49.0	54.2	64.4
垂直式	前进停车	16.5	23.5	33.5	59.2	59.2	76.7
	后退停车	13.8	19.3	41.9	48.7	53.9	62.7

注:此面积只包括停车和紧邻车位的面积,不是每停车位所需的车库建筑面积。小型车机动车库的所需建筑面积,国内外实例中已有比较接近的指标,大约每车位从27m²至35m²(包括坡道面积),结合国情,控制每车位的面积在33m²以下是完全可行的。

3. 环形车道转弯半径

机动车最小转弯半径应符合表4-13的规定。

表4-13 机动车最小转弯半径

车型	微型车	小型车	轻型车	中型车	大型车
最小转弯半径 r_1/m	4.50	6.00	6.00~7.20	7.20~9.00	9.00~10.50

机动车的环形车道平面示意图见图4-10,最小外半径(R_0)和内半径(r_0)的尺寸计算公式为:

$$W = R_0 - r_0 \quad (4-16)$$

$$R_0 = R + x \quad (4-17)$$

$$r_0 = r - y \quad (4-18)$$

$$R = \sqrt{(L+d)^2 + (r+b)^2} \quad (4-19)$$

$$r = \sqrt{r_1^2 - L^2} - \frac{b+n}{2} \quad (4-20)$$

式中:b 为机动车宽度(m);d 为前悬尺寸(m);L 为轴距(m);n 为前轮距(m);r_1 为机动车最小转弯半径(m)(按前文表4-13取值);R_0 为环形车道外半径(m);r_0 为环形车道内半径(m);R 为机动车环行外半径(m);r 为机动车环行内半径(m);W 为环形车道最小净宽(按表

4-16取值);x为机动车环行时最外点至环道外边安全距离,宜大于或等于250mm,当两侧为连续障碍物时宜大于或等于500mm;y为机动车环行时最内点至环道内边安全距离,宜大于或等于250mm,当两侧为连续障碍物时宜大于或等于500mm。

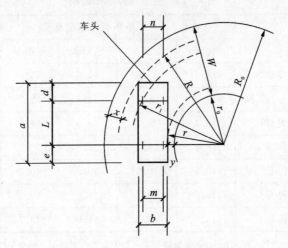

图4-10 机动车环形车道平面示意图

《车库建筑设计规范》(JGJ 100—2015)也规定,微型车和小型车的环形通车道最小内半径不得小于3.0m。

4.3.3 柱网设计

1. 柱网布置原则

一般地下停车库空间较大,结构上需要有柱,这样会增加停车间内不能充分利用的面积。因此,在设计地下停车库平面布置时,柱网选择直接关系到设计的经济合理性。对于单建式地下停车库,柱网主要应满足停车和行车的各种技术要求,并兼顾结构合理;对于附建式地下停车库,还要考虑到与上部建筑柱网的统一。

适当的柱网布置不仅可以最大限度地提供停车数量,方便使用,还可以节约投资。在布置结构柱网时,必须综合考察结构的经济性、合理性。

(1)结构柱网的布置。在满足结构安全性要求的前提下,必须综合考虑车辆停放的合理性以及车辆行驶的方便性,不能单纯地强调结构自身的经济性。

(2)合理的柱网布置。在满足建筑地上、地下使用功能的前提下,使结构楼盖具有合理的跨度,柱距和结构体系相适应,最大限度地减少材料消耗量。

(3)合理设计结构构件(梁、板、柱、墙)的尺寸,尽可能小地占用地下室净高,减少地下室无用面积,既给机电管线留出足够的空间,也尽可能多地提供有效的建筑使用面积,从而提高车库的利用率,减少车均面积,达到节约投资的目的。

2. 常见柱网尺寸

常见的停车库柱网与停车关系如图 4-11 所示。

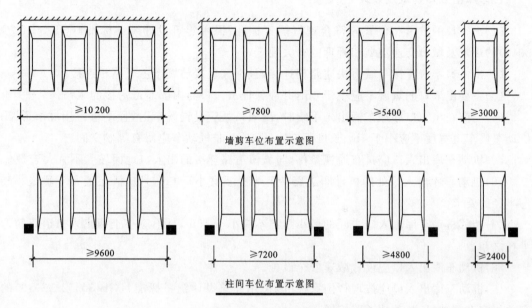

图 4-11　常见停车库柱网尺寸与停车关系示意图(单位:mm)

柱网按 $7800\sim8400\times(2a+b)/2$ 布置。以横向停 3 辆车为例,垂直行车道方向柱距为 $(2a+b)/2$,其中,a 为停车位深度,b 为行车道宽度。布置方案见图 4-12。

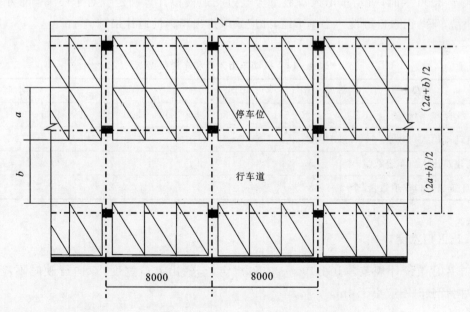

图 4-12　常见停车库柱网尺寸与停车关系示意图(单位:mm)

4.3.4 出入口设计

1. 车库出入口选址及设计

(1)出入口的数量和位置应符合现行国家标准《民用建筑设计统一标准》(GB 50352—2019)的规定及城市交通规划和管理的有关规定。

(2)出入口不应直接与城市快速路相连接,且不宜直接与城市主干路相连接。

(3)主要出入口的宽度不应小于4m,并应保证出入口与内部通道衔接的顺畅。

(4)当需在出入口办理车辆出入手续时,出入口处应设置候车道,且不应占用城市道路;机动车候车道宽度不应小于4m,长度不应小于10m,非机动车应留有等候空间。

(5)机动车库出入口应具有通视条件,与城市道路连接的出入口地面坡度不宜大于5%。

(6)机动车库出入口处的机动车道路转弯半径不宜小于6m,且应满足通行车辆最小转弯半径的要求。

(7)相邻机动车库出入口之间的最小距离不应小于15m,且不应小于两出入口道路转弯半径之和。

(8)机动车库出入口应设置减速安全设施。

(9)机动车库出入口应按现行国家标准《民用建筑设计统一标准》(GB 50352—2019)的有关规定设缓冲段,与基地道路连通。

2. 出入口数量

机动车库出入口和车道数量应满足表4-14的规定,当车道数量大于或等于5且停车当量大于3000辆时,机动车出入口数量应经过交通模拟计算确定。对于停车当量小于25辆的小型车库,出入口可设一个单车道,并应采取进出车辆的避让措施。

表4-14 机动车出入口和车道数量

规模	特大型	大型		中型		小型	
停车当量/辆	>1000	501~1000	301~500	101~300	51~100	25~50	<25
机动车出入口数量/个	≥3	≥2		≥2		≥1	≥1
非居住建筑出入口车道数量/个	≥5	≥4	≥3	≥2		≥2	≥1
居住建筑出入口车道数量/个	≥3	≥2	≥2	≥2		≥1	≥1

3. 出入口宽度

《车库建筑设计规范》(JGJ 100—2015)规定,车辆出入口宽度,双向行驶时不应小于7m,单向行驶时不应小于4m。

4. 出入口净高

车辆出入口及坡道的最小净高应满足表 4-15 的要求。

表 4-15 车辆出入口及坡道的最小净高

车型	微型车、小型车	轻型车	中型车、大型客车	中型、大型货车
最小净高/m	2.20	2.95	3.70	4.20

注：净高指从楼地面面层（完成面）至吊顶、设备管道、梁或其他构件底面之间的有效使用空间的垂直高度。

5. 出入口净距

相邻机动车库入口之间的最小距离不应小于15m，且不应小于两出入口道路转弯半径之和。

6. 出入口通视要求

机动车库出入口应具有通视条件，与城市道路连接的出入口地面坡度不宜大于5%，并在车辆出入口设置明显的减速或停车等的交通安全标识，提醒驾驶员出入口的存在，以保证车辆出入时的安全。

机动车经出入口汇入城市道路时，驾驶员必须保证良好的视线条件，通视要求参照行业标准《城市道路工程设计规范》（CJJ 37—2012）第 11.2.9 条，距离出入口边线以内 2m 处作视点的 120°范围内不应有遮挡视线的障碍物（图 4-13），应保证驾驶员在视点位置可以看到全部通视区范围内的车辆、行人情况。人行道的行道树不属于遮挡视线的障碍物。

基地出入口交通情况较复杂，最大坡度的限值有利于满足停车、视线的要求，从而保证行车安全。4m 的长度可以满足缓坡长度大于机动车前后轮间距的要求。5%的坡度要求与斜楼板式机动车库楼板坡度的要求一致，此坡度可保证机动车不溜车，也可以保证视线的要求。

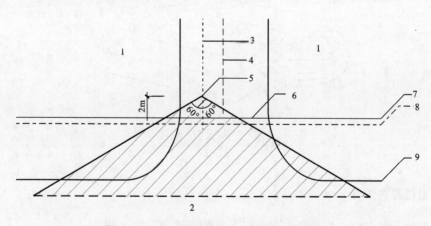

图 4-13 机动车基地出入口通视要求示意图
1.建筑基地；2.城市道路；3.车道中心线；4.车道边线；5.视点位置；6.基地机动车出入口；7.基地边线；8.道路红线；9.道路缘石线。

4.3.5 坡道设计

1. 坡道类型选择

按出入方式,机动车库出入口可分为平入式、坡道式、升降梯式3种类型。

坡道式出入口可采用直线坡道、曲线坡道(螺旋坡道为其特殊形式)、直线与曲线组合坡道,其中直线坡道可选用内直坡式坡道、外直坡式坡道。

直线形坡道视线好、上下方便、切口规整、施工简便,但占地面积大,常布置在主体建筑以外(图4-14)。曲线形坡道占地面积小,适用于狭窄地段,视线效果差,进出不太方便(图4-15)。不同形式的坡道各有优缺点,适用于不同场合,故可根据基地形状和尺寸,以及停车要求和特点按需选用。

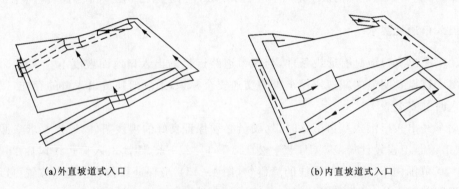

(a)外直坡道式入口　　　　　　　　(b)内直坡道式入口

图4-14　直坡道式出入口

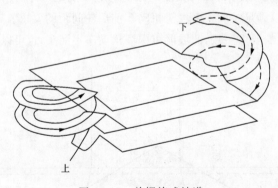

图4-15　单螺旋式坡道

2. 坡道位置布置

坡道在地下车库中的位置基本上有以下3种方式。
(1)坡道在车库主体建筑之内。
(2)坡道在车库主体建筑之外。

(3)坡道一部分在车库内,一部分在车库外。

3种方式各有优缺点,实际工程中应根据具体情况(总图、地上建筑、柱网、人流及车流的组织)灵活处理。

3. 坡道宽度、坡度等要求

出入口可采用单车道或双车道,坡道最小净宽应满足表4-16的相关要求。坡道的最大纵向坡度应满足表4-17的要求。

表4-16 坡道最小净宽

形式	最小净宽/m	
	微型、小型车	轻型、中型、大型车
直线单行	3.0	3.5
直线双行	5.5	7.0
曲线单行	3.8	5.0
曲线双行	7.0	10.0

注:此宽度不包括道牙及其他分隔带宽度。当曲线比较缓时,可以按直线宽度进行设计。

表4-17 坡道的最大纵向坡度

车型	直线坡道		曲线坡道	
	百分比/%	比值(高:长)	百分比/%	比值(高:长)
微型车、小型车	15.0	1:6.67	12.0	1:8.3
轻型车	13.3	1:7.50	10.0	1:10.0
中型车	12.0	1:8.3		
大型客车、大型货车	10.0	1:10	8.0	1:12.5

当坡道纵向坡度大于10%时,坡道上、下端均应设缓坡坡段,其直线缓坡段的水平长度不应小于3.6m,缓坡坡度应为坡道坡度的1/2;曲线缓坡段的水平长度不应小于2.4m,曲率半径不应小于20m,缓坡段的中心为坡道原起点或止点(图4-16);大型车的坡道应根据车型确定缓坡的坡度和长度。

微型车和小型车的坡道转弯处的最小环形车道内半径(r_0)不宜小于表4-18的规定,其他车型的坡道转弯处的最小环形车道内半径应按式(4-16)~式(4-20)计算确定。环形坡道处弯道超高宜为2%~6%。

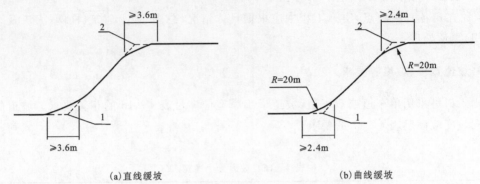

(a) 直线缓坡　　　　　　　　　　　(b) 曲线缓坡

图 4-16　缓坡段断面示意图

1.坡道起点；2.坡道止点。

表 4-18　坡道转弯处的最小环形车道内半径(r_0)

角度	坡道转向角度 $\alpha/(°)$		
	$\alpha \leq 90$	$90 < \alpha < 180$	$\alpha \geq 180$
最小环形车道内半径 r_0/m	4	5	6

注：坡道转向角度为机动车转弯时的连续转向角度。

4. 其他坡道构造

《车库建筑设计规范》(JGJ 100—2015)第 4.4.1 条规定：对于有防雨要求的出入口和坡道处，应设置不小于出入口和坡道宽度的截水沟和耐轮压沟盖板以及闭合的挡水槛。在出入口地面的坡道外端应设置防水反坡。

在通往地下的坡道低端宜设置截水沟。当地下坡道的敞开段无遮雨设施时，在坡道敞开段的较低处应增设截水沟。

4.4　地下停车库防火设计

4.4.1　防火分类及耐火等级

汽车库、修车库、停车场的分类应根据停车（车位）数量和总建筑面积确定，并应符合表 4-19 的规定。

汽车库、修车库的耐火等级应分为一级、二级和三级，其构件的燃烧性能和耐火极限均不应低于表 4-20 的规定。

4 地下停车库规划与设计

表 4-19 汽车库、修车库、停车场的分类

防火分类		Ⅰ	Ⅱ	Ⅲ	Ⅳ
汽车库	停车数量/辆	>300	151~300	51~150	≤50
	总建筑面积 S/m^2	S>10 000	5000<S≤10 000	2000<S≤5000	S≤2000
修车库	车位数/个	>15	6~15	3~5	≤2
	总建筑面积 S/m^2	S>3000	1000<S≤3000	500<S≤1000	S≤500
停车场	停车数量/辆	>400	251~400	101~250	≤100

注：(1)当屋面露天停车场与下部汽车库共用汽车坡道时，其停车数量应计算在汽车库的车辆总数内。
(2)室外坡道、屋面露天停车场的建筑面积可不计入汽车库的建筑面积之内。
(3)公交汽车库的建筑面积可按本表的规定值增加 2.0 倍。

表 4-20 汽车库、修车库构件的燃烧性能和耐火极限 （单位:h）

建构筑物名称		耐火等级		
		一级	二级	三级
墙	防火墙	不燃性 3.00	不燃性 3.00	不燃性 3.00
	承重墙	不燃性 3.00	不燃性 2.50	不燃性 2.00
	楼梯间和前室的墙、防火隔墙	不燃性 2.00	不燃性 2.00	不燃性 2.00
	隔墙、非承重外墙	不燃性 1.00	不燃性 1.00	不燃性 0.50
柱		不燃性 3.00	不燃性 2.50	不燃性 2.00
梁		不燃性 2.00	不燃性 1.50	不燃性 1.00
楼板		不燃性 1.50	不燃性 1.00	不燃性 0.50
疏散楼梯、坡道		不燃性 1.50	不燃性 1.00	不燃性 1.00
屋顶承重构件		不燃性 1.50	不燃性 1.00	不燃性 0.50
吊顶（包括格栅吊顶）		不燃性 0.25	不燃性 0.25	不燃性 0.15

注：在预制钢筋混凝土构件的节点缝隙或金属承重构件的外露部位应加设防火保护层，其耐火极限不应低于表中相应构件的规定。

汽车库和修车库的耐火等级应符合下列要求。
(1)地下、半地下和高层汽车库的耐火等级应为一级。
(2)甲、乙类物品运输车的汽车库、修车库和Ⅰ类汽车库、修车库的耐火等级，应为一级。
(3)Ⅱ、Ⅲ类汽车库、修车库的耐火等级不应低于二级。
(4)Ⅳ类汽车库、修车库的耐火等级不应低于三级。

4.4.2 防火分隔和建筑构造

1. 防火分隔

汽车库防火分区的最大允许建筑面积见表4-21。其中,对敞开式、错层式、斜楼板式汽车库的上、下连通层面积应叠加计算,每个防火分区的最大允许建筑面积不应大于表中数据的2.0倍;室内有车道且有人员停留的机械式汽车库,其防火分区最大允许建筑面积应按表中的要求减少35%。设置自动灭火系统的汽车库,其每个防火分区的最大允许建筑面积不应大于表中要求的2.0倍。

表4-21 汽车库防火分区的最大允许建筑面积 (单位:m²)

耐火等级	单层汽车库	多层汽车库、半地下汽车库	地下汽车库、高层汽车库
一、二级	3000	2500	2000
三级	1000	不允许	不允许

注:除规范另有规定外,防火分区之间应采用符合本规范规定的防火墙、防火卷帘等分隔。

汽车库、修车库与其他建筑合建时,应满足下列规定。

(1)当贴邻建造时,应采用防火墙隔开。

(2)在建筑物内的汽车库(包括屋顶停车场)、修车库与其他部位之间,应采用防火墙和耐火极限不低于2.00h的不燃性楼板分隔。

(3)在汽车库、修车库的外墙门、洞口的上方,应设置耐火极限不低于1.00h、宽度不小于1.0m、长度不小于开口宽度的不燃性防火挑檐。

(4)在汽车库、修车库的外墙上、下层开口之间,墙的高度不应小于1.2m,或设置耐火极限不低于1.00h、宽度不小于1.0m的不燃性防火挑檐。

2. 防火墙、防火隔墙和防火卷帘

防火墙应直接设置在建筑的基础或框架、梁等承重结构上,框架、梁等承重结构的耐火极限不应低于防火墙的耐火极限。防火墙、防火隔墙应从楼地面基层隔断至梁、楼板或屋面结构层的底面。当汽车库、修车库的屋面板为不燃材料且耐火极限不低于0.50h时,防火墙、防火隔墙可砌至屋面基层的底部。三级耐火等级汽车库、修车库的防火墙、防火隔墙应截断其屋顶结构,并应高出其不燃性屋面不小于0.4m,高出可燃性或难燃性屋面不小于0.5m。

防火墙不宜设在汽车库、修车库的内转角处。当设在转角处时,内转角处两侧墙上的门、窗、洞口之间的水平距离不应小于4m。防火墙两侧的门、窗、洞口之间最近边缘的水平距离不应小于2m。当防火墙两侧设置固定乙级防火窗时,可不受距离的限制。

可燃气体和甲、乙类液体管道严禁穿过防火墙,防火墙内不应设置排气道。防火墙或防火隔墙上不应设置通风孔道,也不宜穿过其他管道(线)。当管道(线)穿过防火墙或防火隔墙时,应采用防火封堵材料将孔洞周围的空隙紧密填塞。

防火墙或防火隔墙上不宜开设门、窗、洞口,当必须开设时,应设置甲级防火门、窗或耐火极限不低于3.00h的防火卷帘。

设置在车道上的防火卷帘的耐火极限,应符合现行国家标准《门和卷帘的耐火试验方法》(GB/T 7633—2008)中有关耐火完整性的判定标准;设置在停车区域上的防火卷帘的耐火极限,应符合现行国家标准《门和卷帘的耐火试验方法》(GB/T 7633—2008)中有关耐火完整性和耐火隔热性的判定标准。

4.4.3 安全疏散和救援措施

汽车库、修车库的人员安全出口和汽车疏散出口应分开设置。设置在工业与民用建筑内的汽车库,其车辆疏散出口应与其他场所的人员安全出口分开设置。除室内无车道且无人员停留的机械式汽车库外,汽车库、修车库内每个防火分区的人员安全出口不应少于2个,Ⅳ类汽车库和Ⅲ、Ⅳ类修车库可设置1个。

汽车库、修车库的疏散楼梯应符合下列规定:①建筑高度大于32m的高层汽车库、室内地面与室外出入口地坪的高差大于10m的地下汽车库应采用防烟楼梯间,其他汽车库、修车库应采用封闭楼梯间;②楼梯间和前室的门应采用乙级防火门,并应向疏散方向开启;③疏散楼梯的宽度不应小于1.1m。

除室内无车道且无人员停留的机械式汽车库外,建筑高度大于32m的汽车库应设置消防电梯。消防电梯的设置应符合现行国家标准《建筑设计防火规范(2018年版)》(GB 50016—2014)的有关规定。

室外疏散楼梯可采用金属楼梯,倾斜角度不应大于45°,栏杆扶手的高度不应小于1.1m;每层楼梯平台应采用耐火极限不低于1.00h的不燃材料制作;在室外楼梯周围2m范围内的墙面上,不应开设除疏散门外的其他门、窗、洞口;通向室外楼梯的门应采用乙级防火门。

汽车库室内任一点至最近人员安全出口的疏散距离不应大于45m,当设置自动灭火系统时,其距离不应大于60m。对于单层或设置在建筑首层的汽车库,室内任一点至室外最近出口的疏散距离不应大于60m。

与住宅地下室相连通的地下汽车库、半地下汽车库,人员疏散可借用住宅部分的疏散楼梯;当不能直接进入住宅部分的疏散楼梯间时,应在汽车库与住宅部分的疏散楼梯之间设置连通走道,应采用防火隔墙分隔走道,汽车库开向该走道的门均应采用甲级防火门。

汽车库、修车库的汽车疏散出口总数不应少于2个,且应分散布置。当符合下列条件之一时,汽车库、修车库的汽车疏散出口可设置1个。

(1)Ⅳ类汽车库。

(2)设置双车道汽车疏散出口的Ⅲ类地上汽车库。

(3)设置双车道汽车疏散出口、停车数量小于或等于100辆且建筑面积小于4000m²的地下或半地下汽车库。

(4)Ⅱ、Ⅲ、Ⅳ类修车库。Ⅰ、Ⅱ类地上汽车库和停车数量大于100辆的地下、半地下汽车库,当采用错层或斜楼板式、坡道为双车道且设置自动喷水灭火系统时,其首层或地下一层至室外的汽车疏散出口不应少于2个,汽车库内其他楼层的汽车疏散坡道可设置1个。Ⅳ类汽车库设置汽车坡道有困难时,可采用汽车专用升降机作为汽车疏散出口,升降机的数量不应少于2台,停车数量少于25辆时,可设置1台。汽车疏散坡道的净宽度,单车道不应小于3.0m,双车道不应小于5.5m。

除室内无车道且无人员停留的机械式汽车库外,相邻两个汽车疏散出口之间的水平距离不应小于10m;毗邻设置的两个汽车坡道应采用防火隔墙分隔。

除室内无车道且无人员停留的机械式汽车库外,汽车库内汽车之间和汽车与墙、柱之间的水平距离,不应小于表4-22的规定。

表4-22 汽车之间和汽车与墙、柱之间的水平距离 (单位:m)

项目	汽车尺寸			
	车长≤6 或 车宽≤1.8	6<车长≤8 或 1.8<车宽≤2.2	8<车长≤12 或 2.2<车宽≤2.5	车长>12 或 车宽>2.5
汽车与汽车	0.5	0.7	0.8	0.9
汽车与墙	0.5	0.5	0.5	0.5
汽车与柱	0.3	0.3	0.4	0.4

注:当墙、柱外有暖气片等突出物时,汽车与墙、柱之间的水平距离应从其凸出部分外缘算起。

5 地下商业街规划与设计

地下商业街是以地下步行街为基础,并且在地下步行街道上设置百货零售、餐饮、文化娱乐等商业设施,通过这些设施来连接地下步行街两侧的车站、地铁、广场及建构筑物等公共建筑物,最终构成的大型地下综合设施。由此可见,地下商业街是一种复合形态的空间,一种结合"安全步行"和"商业行为"的组合开发模式,也可简称为地下街。地下商业街是解决城市可持续发展问题的有效途径,承担多种城市功能,是城市的重要组成部分。伴随着地下商业街建设规模的不断扩大,形成具有城市功能的大型地下综合体甚至地下城,成为城市地下空间重要的利用方式。

5.1 地下商业街规划及选址

5.1.1 地下商业街选址及规划原则

城市地下商业街选址及规划应遵循以下基本原则。

(1)城市地下商业街应建立在城市人流集散和购物中心等车站及商业中心地带。主要解决交通拥挤的问题,进行人车分流,满足地下购物及文化娱乐等要求,与地面功能的关系应以对应、互补、协调为原则。

(2)地下商业街规划应与城市总体规划协调一致,考虑地下人流、车流和交通道路状况。地下商业街建设应研究城市地面建筑物性质、规模及用途,以及拆除、扩建及新建的可能性,同时考虑道路及市政设施中远期规划。

(3)地下商业街规划应按照国家及地方城建法规和城市总体规划进行。

(4)地下商业街规划应考虑建设范围内历史及古物遗迹的保护。地下商业街建设应注重加强环境保护,防止地下水及其对周围建筑环境的扰动,对于有价值的街道,不能用明挖法建造地下商业街道。

(5)城市地下商业街是地下综合体及地下城的初级阶段,随着城市规模的扩大,城市地下商业街可能发展为地下综合体或地下城。宜对地下商业街与周边地面建筑、轨道交通车站及其他地下空间结构等进行一体化设计,并考虑其发展成地下综合体或地下城的可能性,对于不同级别的城市中心,应根据城市发展长远规划考虑地下商业街的规划建设。

(6)地下商业街的选址应避免断层、溶洞、裂隙等地带,在不利的地质条件下,应采用砌筑混凝土挡土墙、截水沟,密实夯土等措施来减少地下水带来的渗漏问题。

(7)地下商业街应与城市其他地下设施相联系,建立完整的通风、防火、防水及防震等的防灾、抗灾体系,形成安全、健康、舒适的地下环境。

5.1.2 地下商业街规划类型

按地下商业街与地上建筑、道路交通及周边环境的关系,地下商业街可分为街道型、广场型和复合型3类。其中街道型地下商业街主要设置在城市中心区的主干道下,与附近的地铁站点相连通;广场型地下商业街主要设置在车站周边的广场下方,与车站等结构相连通;复合型地下商业街综合了广场型地下商业街和街道型地下商业街的特点。

1. 街道型地下商业街

该类地下商业街多数布置在城市中心区宽阔的主干道下,平面大多为"一"字形或"十"字形。整体沿道路走向布置,同地面有关建筑设施相连,并兼有商业功能、停车功能等。其特点是地面交叉口处的地下空间也相应设出入口,出入口设置与地面主要建筑及临近街道相结合,保证人流上下(图5-1)。

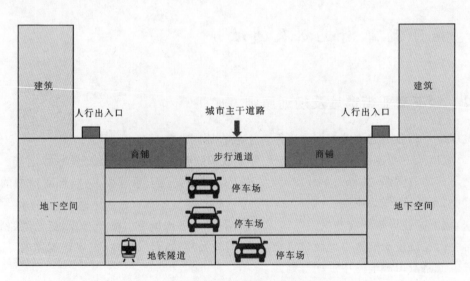

图5-1 街道型地下商业街平面示意图

2. 广场型地下商业街

该类地下商业街布置在城市中心广场或大型绿化广场内。如为城市交通枢纽(火车站、地铁换乘站等),地下商业街设置与车站首层或地下层相连接;若上部为休闲广场,地下商业街除与周边各道路出入口相连之外,还可以设置下沉式露天广场,从造型上丰富城市广场的空间层次(图5-2)。广场型地下商业街地面开阔,常形成较大规模的地下空间,既便于交通,又兼具购物、娱乐、步行、人流集散等功能,同时还可灵活地设计一定规模的休息空间。

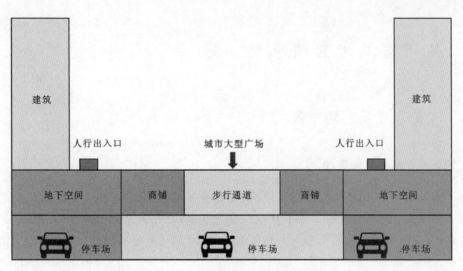

图 5-2 广场型地下商业街平面示意图

3. 复合型地下商业街

复合型地下商业街指广场型与街道型地下商业街的复合。几个地下商业街道连接成一体的复合型地下商业街,带有"地下城"意义,能在交通上划分人流、车流,同地面建筑连成一片,与"中心广场"布局相统一,与地面交通车站、地下铁路车站、高架桥立体交叉口相通;在使用功能上,又具有商业、餐饮、文化娱乐、停车等多种复合功能(图5-3)。

复合型地下商业街基本以广场为中心,沿道路向外延伸,通过地下通道与地下室相连,从而形成完整的地下交通及商业空间。

图 5-3 复合型地下商业街平面示意图

5.2 地下商业街空间布局

5.2.1 空间组成及功能布置

1. 地下商业街的空间组成

地下商业街由公共地下步道、地下广场、配套停车场、商店、办公室、通向地面的联通口、地下设备用房及其他服务设施等地下建筑组成,是一个地下综合体(图 5-4)。因此,在建设过程中要从整体规划设计,并结合各个地下组成元素,对地下商业街进行宏观和微观两个方面的把控。

2. 地下商业街功能关系布局

在地下商业街中,地下步行系统是其基本功能,地下交通系统及地下商业系统是其功能的延伸和扩展。地下商业街的功能布置及关系布局可按图 5-5 的方式进行规划设计。

(1)地下步行系统包括出入口、连接通道、广场、步行通道、垂直交通设施及步行过街通道等。地下步行系统一般设置在城市中心的行政、文化、商业、金融及贸易等繁华地段或区域,这些区域应有便捷的交通与外相接。区域内各大型建筑物之间由地下步道连接。

地下步行系统按使用功能分类,主要设置于步行人流流线交会点、步道端部或特别的位置处,作为地下步行系统的主要大型出入口和节点的下沉广场、地下中庭,满足人流商业需求的地下商业街,连通地铁站、地下停车场和其他地下空间的专用地下步行连接道等。地下步行系统分类及构成如图 5-6 所示。

(2)地下交通系统包括有轨交通、无轨交通及停车系统,无轨交通包括机动车地下快速路等,有轨交通包括地铁、轻轨及城铁。

(3)地下商业系统包括购物、餐饮、文化娱乐、金融与贸易等。

(4)地下商业街内部设备系统包括通风系统、供能系统、供排水系统、通信系统及灾害控制系统。通风系统包括地下通风空调、进风排风网路及风流监测监控设施。供能系统包括动力及照明变配电设施、供燃气设施及供暖设施。通信系统包括地下无线及有线通信设施等。灾害控制系统包括灾害预警设施、安全路线指示设施、中央防灾控制室、备用水源电源用房及防灾救灾设施。

(5)辅助用房包括管理室、办公室、仓储室、卫生间及休息室等地下建筑。

5.2.2 平面布局

通过对现有地下商业街形态等的总结和分析,根据其平面模式可将它分为线型、网格型、辐射型 3 种类型。

5 地下商业街规划与设计

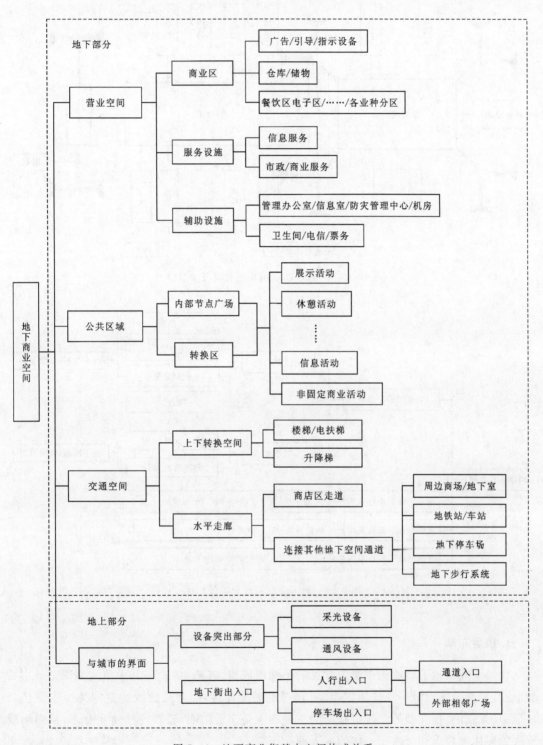

图5-4 地下商业街基本空间构成关系

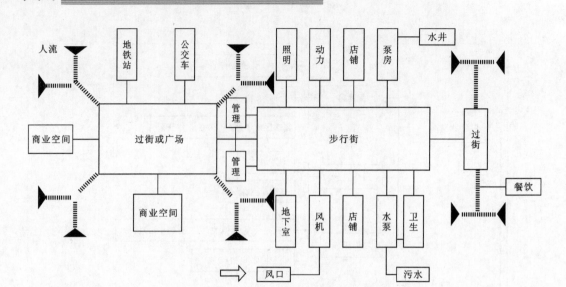

图 5-5 地下商业街功能布置及关系

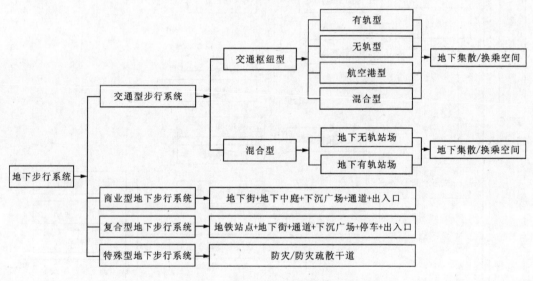

图 5-6 地下步行系统分类及构成

1. 线型布局

线型空间是地下商业街中最为常见的平面组成模式(图 5-7)。其中单线型则是最主要的形式,平面形式以单一流线为主,具有较明确的导向性,而常见的线型空间类型主要包括一字型、弧线型、折线型等。线型布局的主要功能是交通功能,辅以各种商业业态,从而形成较大的集休闲娱乐和交通于一体的地下商业街。

线型空间模式较为简单,使用者在行走过程中特别容易感到乏味。因此,考虑使用者的步行需求,地下商业街应该合理设置相应的节点空间来提升体验感。

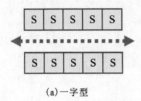 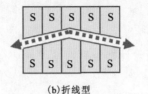 

(a) 一字型　　　　　　(b) 折线型　　　　　　(c) 弧线型

图 5-7　线型平面布局
注：S 表示商铺。

2. 网格型布局

网格型空间较为独立，有着完整的公共空间模式，通常是由几个小型的空间单元组成，空间单元分布一般较为规律，适合空间较大的广场型地下商业街（图 5-8）。

网格型空间可以分布的商业数量较大，极大限度地增加空间的使用率，但空间单元的分布散，导致交通流线较为复杂。因此，除设置必要的指示路标，还需要在必要的空间设置相应的景观休闲区域来进行引导。

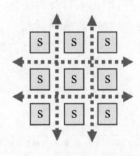

图 5-8　网格型平面布局
注：S 表示商铺。

3. 辐射型布局

辐射型空间是指所有的空间进行围合呈现向心分布，即一个大空间，周边有很多发散的线型空间，这种空间一般在大型地下购物中心较为常见（图 5-9）。

辐射型空间常见的形式主要有 Y 字型和十字型。一般是将一个主力店或者中庭空间作为整个商业空间的核心，将其他店铺或者商业类型通过这个核心和新空间进行聚集。这样既能有效地组织和聚集人流，也能利用该区域举办大型活动来吸引顾客。但是对于辐射型的地下商业空间而言，道路的连续性会受到很大影响，无法形成通畅的购物流线。因此，在尽端处进行相应的设计是必不可少的，具体做法为尽量将空间设计成环形流线或者设置景观区域，使消费者在此处休息休闲，同时在线型空间中增加路线的可识别性。

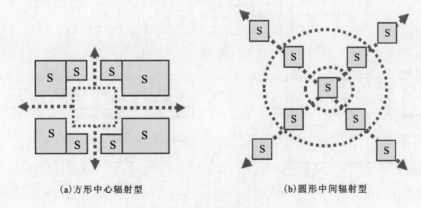

(a) 方形中心辐射型　　　　　　(b) 圆形中间辐射型

图 5-9　辐射型平面布局
注：S 表示商铺。

5.2.3 剖面及纵向设计

地下商业街竖向组合的剖面设计即是针对地下商业街功能需求对不同功能单元的纵向组合,主要设计要素如下。

(1)分流及营业功能(或其他经营)。

(2)地下交通设施,如快速路或立交公路、铁路、停车场、地铁车站。

(3)出入口及过街立交桥。

(4)市政管线,如上下水、风井、电缆沟等。

(5)出入口楼梯、电梯、坡道、廊道等。

步行系统地下建筑的功能及在平面与竖向上的组合方式不同,在平面上的布局有4种模式,相应的在竖向的布局有5种模式,分别如图5-10和图5-11所示。

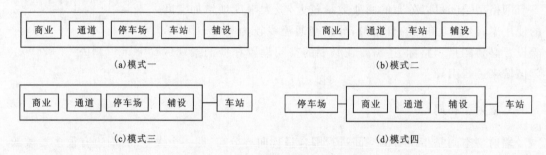

图 5-10 地下商业街平面布局模式

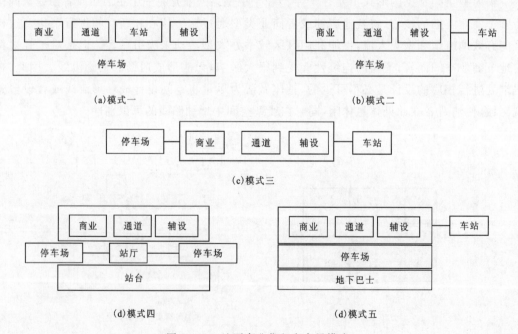

图 5-11 地下商业街竖向布局模式

在平面布局中,根据地下商业街商业系统、步行系统、车辆交通系统及内部辅助设备与辅助系统的组合方式,可以将商业、车站及停车系统布置在地下商业街内,也可将停车系统设置在地下商业街,行人通过步道直达车站,还可将商业功能集中,行人通过步道到达停车库和车站。

在竖向布置中,一般商业系统布置在地下一层,停车系统布置在地下二层,外部交通系统布置在地下三层,辅助系统根据需要可在各层布置,而其中主要的基础设施系统如市政管网、动力设备及通风设施等应安排在深层或同层远离人流活动的区域。

5.2.4 交通流线组织

交通流线组织是地下商业街中各种功能空间合理布局及灵活组合的关键因素,也是地下空间安全性、便捷性、高效性的重要保证。城市地下商业街中交通流线组织应做到清晰、避免交叉干扰,确保地下空间运营的安全合理、便捷高效。

交通流线组织按照不同的使用性质分为对外及对内交通流线。对外交通流线按照不同的组织对象分为人员流线和货运流线。对内交通流线按照不同的使用对象分为商业动线和服务流线,按照不同的空间场所分为水平交通流线和垂直交通流线。

1. 人员流线

人员流线按照不同的使用功能分为人员疏散流线和商业行为流线,在规划设计时应满足如下要求。

(1)人员疏散流线是城市地下商业空间的主要安全保障措施,应保证疏散导向的准确性、疏散方式的便捷性、疏散距离及宽度的合理性,确保客流进出方便;并应符合现行国家标准《建筑设计防火规范(2018年版)》(GB 50016—2014)的有关规定。

(2)商业行为流线应做到人行主要出入口位置明显、交通设施周全、人行通道顺畅。

(3)当设置影院、体育馆、娱乐城、游戏厅等大型文化娱乐设施时,应设置独立的商业行为流线。

(4)当在地下商业系统中设置餐饮时,应设置独立的厨房流线。

(5)当城市地下商业系统配建停车库时,商业行为流线应设置通道及连通口与地下车库相连。

2. 货运流线

大型地下商业体中的物流量较大,货运流线布置的合理顺畅是商业品质的保证。货运流线宜包括地面卸货区、货梯、中转库房及货运通道等。当城市地下商业空间设置餐饮时,厨房流线与货运流线应分开设置并应满足如下要求。

(1)避免与商业行为流线的交织。

(2)货运区宜设置在相对隐蔽的地方。

(3)货梯出地面区域应与城市道路方便衔接。

(4)在与地下车库合建时,可借用车库的汽车出入口及汽车坡道作为货运流线与地面交通的衔接处;汽车出入口附近宜设置地面卸货区。

3. 商业动线

商业动线的线形应分为单一型及复合型。其中单一型商业动线宜用于中、小型城市地下商业空间,复合型商业动线宜用于大、中型城市地下商业空间。商业动线规划设计应遵循如下原则。

(1) 商业动线应通达所有商业店铺及服务设施,并应避免顾客走回头路。

(2) 商业动线应减少锐角线形,并应符合顾客的购物视线及行走动线的连续性要求。

(3) 商业动线应设置可识别性元素,包括导示牌、店铺招牌、地面铺装、景观小品、颜色、照明及业态布局等。

4. 服务流线

服务流线宜包括咨询、休息、结账等对外服务功能,以及物业管理、货运、垃圾转运等对内服务功能。

5. 水平/垂直交通流线

水平交通流线应减少同层的各种交通流线的交织。垂直交通流线应做到垂直交通设施布局、通达不同楼层并与水平交通流线紧密结合。垂直交通设施宜包括楼梯、自动扶梯、垂直客梯等,并宜均匀分布。

5.3 地下商业街建筑设计

5.3.1 建筑结构及柱网尺寸

1. 人行通道宽度

参考我国人口身高统计数据,并考虑到城市地下商业空间中人行通道部分不仅仅满足交通功能,尚包含对通道两侧店铺的观赏、浏览等视觉体验需求,因此人行通道的净空尺寸宜控制在 2.7~3.3m 之间。据相关研究,人行通道宽高比在 1.5~2.0 时,具有最佳的尺度感,宽高比大于 2.0 时,空间的封闭感减弱,使人只关注通道一侧的物体。

因此,城市地下商业空间的人行通道宽度在满足人流集散和行走的需要时,其宽高比宜采用 1.5~2.0,其宽度宜采用 4.0~6.5m。

2. 人行通道长度

为营造丰富的空间氛围及舒适的商业环境,城市地下商业空间应结合动态的交通流线适当组织静态的休闲节点,以满足人的生理及心理需求。节点空间应包括问询、交流、引导、休息、交通等服务功能。

根据人的舒适步行距离，城市地下商业空间的人行通道长度不宜大于500m,当大于500m时,应设置转折空间或休息停顿的节点空间。

3. 空间层高及净高

1）空间层高

城市地下商业空间的层高由"营业厅净空尺寸＋结构梁板高度＋设备管线高度＋吊顶构造厚度＋地面装修厚度"之和确定。

根据常用框架结构及其辅助设施的安装尺寸需求,地下商业空间的经济型层高宜采用5～6m,展示厅、电影院等特定功能空间的层高宜采用商业空间标准层高的2～3倍。

在地下空间的各层营业厅净空需求相同的情况下,由于地下结构顶板上荷载分布情况复杂,地下一层的结构梁板高度往往大于其他楼层,因此地下一层的层高为最大,其他各层的层高均应大致相同。

2）空间净高

一般情况下,人们在自然尺度的室内环境中感觉最佳,地下空间过于低矮、拥挤会让人感觉压抑不舒服,同时也造成室内管线安装空间不足,从而降低地下空间的品质；而地下空间过于高大、宽敞则会让人感觉空旷不安全,同时净空过于高大也会增加设备能源的消耗,浪费地下空间资源,增加投资成本。

因此,规定城市地下商业空间的营业厅净高宜采用3.6～4.5m,人行通道的净高宜采用2.7～3.3m,卫生间净高宜采用2.5～3.0m,管理用房净高宜采用2.5～3.0m,设备用房净高应根据最大设备的尺寸及安装操作需求来确定。

4. 平面柱网

城市地下商业空间应根据规模、定位、经营方式、店铺布局、结构选型等因素综合考虑平面柱网尺寸。柱网布置时首先应分析它所包含的各种使用功能以及周边的地下结构情况,然后再以主要的使用功能及制约因素确定合理的柱网。

一般来说,单一型地下购物中心场采用9m×9m的商业经济型柱网,与地下车库结合设置的复合型地下购物中心场采用8.4m×8.4m的车库经济型柱网。

地下商业街的柱网布置首先应根据其交通客流量确定人行通道的合理宽度,然后再根据地下商业街的总宽度确定单通道、双通道等平面布置形式,最后确定平面柱网。人行通道的宽度需根据预测客流量计算确定,一般情况下,以购物为目的的人行通道宽度宜采用4.0～6.5m,以交通为目的的人行通道宽度宜采用6～8m。当与地下车库混合布置时,平面柱网尚应满足车库经济型柱网的尺寸要求。

5. 顶板覆土厚度

城市地下商业空间顶板与地面之间应留出各类市政管线埋设的距离。一般情况下,各类市政管线在道路下的埋深,从上至下顺序依次为电力管（沟）、电讯管（沟）、煤气管、给水管、雨水管、污水管。一般在电力、电信设施中设置管沟。常用管线最小埋深见表5-1。

考虑到雨、污水管为重力管，其埋深会因管线的排水坡度而不同，地下建筑顶板与市政道路地面的高差不宜小于3.0m，并应符合现行国家标准《城市工程管线综合规划规范》(GB 50289—2016)及当地规划部门的有关规定。

表5-1 地下管线最小埋深建议值

管线类型	给水管				雨水管	污水管
	公称直径(DN/mm)					
	100~200	200~300	400~500	600~1200		
最小埋深/m	0.8	1.0	1.5	2.0	1.0	2.0

此外，城市地下商业空间顶板应采取防水措施，防水做法应符合现行国家标准《建筑与市政工程防水通用规范》(GB 55030—2022)的有关规定。当顶板上考虑绿化种植时，防水设计尚应符合现行行业标准《种植屋面工程技术规程》(JGJ 155—2013)的有关规定。

5.3.2 口部及节点设计

1. 出入口设计

地下商业街常用出入口形式可分为下沉式、开敞式、借入式、覆土式、平入式和门厅式，具体布置见图5-12。

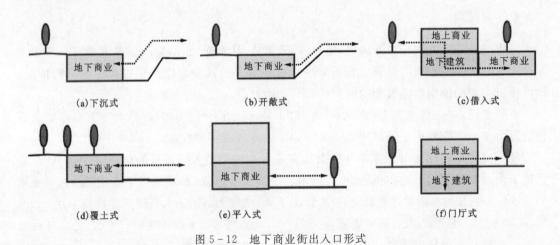

图5-12 地下商业街出入口形式

人行出入口设计应符合如下要求。

(1)主要人行出入口应根据周边环境、交通组织的要求设置，满足客流进出城市地下商业空间的便捷性及识别性。不宜直接开设在城市次干道及以上级别的道路上，且应与城市道路、轨道交通、公交站点等交通设施相衔接。人行出入口和车辆出入口应分开设置，并应符合现行国家标准《民用建筑设计统一标准》(GB 50352—2019)的有关规定及当地城市规划部门的要求。当出入口作为客流进出城市地下商业空间的起止点时,应与商业动线紧密相连。

(2)在主要人行出入口前应设置集散广场及非机动车的停放空间。集散广场面积宜采用 $0.7 \sim 1.0 m^2$/人计算。出入口数量应根据项目的规模及建设条件确定,面积大于 5 万 m^2 的城市地下商业空间宜设置 2 个及以上出入口,每个出入口宜开向不同方向,且出入口间距宜大于 50m。

(3)出入口宜采用下沉式广场等室外开敞空间的形式。内部宜设置电梯、自动扶梯等竖向交通设施。出入口宜采用自然采光通风,并设置导向标识。在内、外口部 5m 范围内不得设置影响人员疏散的障碍物。严寒及寒冷地区的主要人行出入口应设置门斗或风幕等设施。

2. 节点设计

地下商业街节点空间主要包括下沉广场、中庭、出入口等几个部分。在流线上,它们和地下商业空间之间的关系也存在许多组合形式。

(1)下沉式广场。下沉式广场作为城市地下商业空间的重要节点,需要设计一定规模的缓冲空间用于人员疏散,配置必要的交通设施以满足其使用功能要求,并设置相应的服务设施及环境空间体现商业品质。常用下沉式广场形式分为围合型、半围合型和邻接型,具体布置见图 5-13。

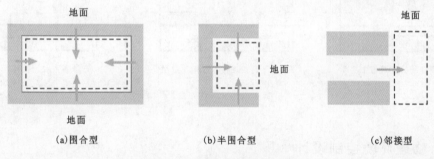

图 5-13 下沉式广场布置形式

下沉式广场的规划设计应满足如下原则:用于城市地下商业空间主要人行出入口的下沉式广场应设置在方便地面人流进出的地段;下沉式广场内宜设置休息室、景观绿化、广告展示及标识等服务设施;广场内宜设置自动扶梯,且宜采用两部一组的模式;下沉式广场用于防火分隔、安全出口时,应符合现行国家标准《建筑设计防火规范(2018 年版)》(GB 50016—2014)的有关规定,并采取排水、挡水及防洪措施。

(2)中庭。为打造立体空间、提升商业的环境品质,城市地下商业空间往往需要设置一定数量的中庭,其大小、数量、构造形式应根据工程的规模、档次、定位等商业策划来确定,其配置的交通设施、服务设施及景观环境应根据工程的商业布局统一考虑。中庭布置形式可分为地面型、地上建筑型和地下型,具体布置形式见图 5-14。

当城市地下商业空间的商业动线过长时宜设置中庭。中庭的服务半径不宜大于 200m。大型城市地下商业空间的中庭应有主次之分,其中,主中庭开洞面积宜大于 $600m^2$,次中庭开洞面积宜采用 $300 \sim 400m^2$。中庭面积不应小于疏散通道宽度 2 倍的平方和。

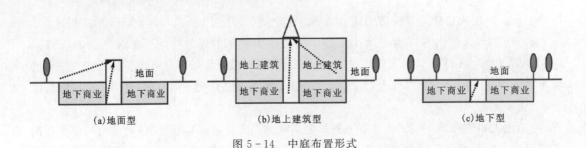

图 5-14 中庭布置形式

(3) 与地上建筑物衔接方式。城市地下商业空间应与周边的建筑、轨道交通车站、地下停车场、地下人防工程等地下资源进行整合，相互贯通，形成地下空间网络体系；同时与城市广场绿地相互衔接，在地下实现集换乘、购物、餐饮、娱乐等多种功能于一身的综合体，缓解地面交通压力、增加地面休闲空间、提高土地的使用价值。地下商业街与地上建筑的衔接可分为地下商业连接建筑地上层型、地下商业连接建筑地下层型和地下商业连接建筑复合型，具体布置见图 5-15。

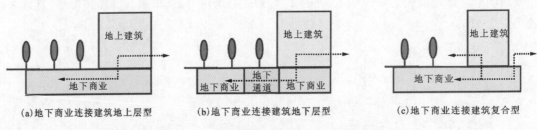

图 5-15 地下商业街与地上建筑衔接布置

5.3.3 物理环境控制设计

地下商业街的物理环境亦称为生理环境，主要由空气、湿热、光及景观等环境因素组合而成。地下商业街的空间环境不同于地面环境，是无通风、采光等自然因素的人工环境，地上商业街与地下商业街存在着明显的差异(表 5-2)。因此，在地下商业街的规划及设计中，应立足于人性化角度，充分考虑城市地下空间环境的各种因素，采用各种自然和人工手段，满足人们生理和心理需求，营造安全、健康、舒适的地下空间环境，创造最大的商业和社会效益。

1. 湿热环境控制

地下空间受外部气温的影响较小，其温、湿度相对稳定，但在夏季室外高温高湿的情况下，由于地下建筑外围护结构温度低，地下空间极易形成高湿度，影响人体蒸发散热，从而影响地下人群的体感舒适度。因此，城市地下商业空间宜通过采用可控制的高效的通风空调系统、加大通风量、提高换气效率来改善室内空气质量及热湿环境，应满足现行国家标准《公共建筑节能设计标准》(GB 50189—2015)中对冬季及夏季的相关房间的温湿度标准的要求。

表 5-2　地上、地下商业街空间比较

类别	室内外空间的联系	室内外环境的联系	对外界的感知	形体识别	改扩建难度
地上商业街	联系紧密	与自然环境结合紧密	时空变化感知明显	体量明确、可辨识性强	容易
地下商业街	缺乏联系，只有利用通道和出入口	与自然环境隔离，以人工环境为主	缺乏可视性、无感知	无明显边界、缺乏感知	限制性强、可逆性差

(1) 采用可控制的高效通风空调系统，改善室内空气质量及热湿环境。

(2) 采用自然通风，作为机械通风的补充手段。

(3) 当城市地下商业空间采用自然通风时，其通道宜贯通，并宜利用地形高差设置高低风口，以利于自然通风的气流通畅。

(4) 当城市地下商业空间采用机械通风时，其风速、风量的标准以及风口的设置应符合现行国家标准《民用建筑供暖通风与空气调节设计规范》(GB 50736—2012) 的有关规定。

(5) 围护结构应做到密闭、隔潮、防水，并宜采取保温措施。用水房间及设施应采取防潮措施。结露的冷水管及其他冷表面应采取防结露措施。

(6) 内部热湿环境设计参数的选取应结合工程所在地域的气候特点，在满足舒适度和工艺要求的前提下，降低空调供暖能耗，并符合表 5-3 列出的相关要求。

表 5-3　城市地下商业空间营业区的热湿环境设计参数

指标		限值
温度/℃	冬季（供暖地区）	≥16
	夏季（空调场所）	26~28
相对湿度/%		30~70
空气流速/(m·s^{-1})		≥0.2
新风量/[m^3·(h·人)$^{-1}$]		≥20

2. 室内空气质量控制

城市地下商业空间利用构造措施把自然空气引入室内，满足了地下人群的生理和心理需求，符合节能环保的绿色建筑理念，但往往可利用条件有限，地下空间的室内空气质量更多地取决于新风的质量和大小。由于室外空气(新风)与室内空气有较大的温差，对这些新风的温差及净化处理需要消耗能源，因而可采用独立的新风系统。

在新风系统中采用全热交换器，在春、秋过渡季节采用自然通风系统，可以减小新风系统负荷，保证室内环境的质量，控制能源的消耗。

地下空间室内空气质量控制指标——装饰装修材料的有害物限量按现行国家标准《室

内空气质量标准》(GB/T 18883—2022)及《民用建筑工程室内环境污染控制规范》(GB 50325—2010)的有关要求,结合地下空间特点提出,具体控制指标参见表5-4。由于地下空间通风的局限性,地下空间的空气质量与地面建筑的空气质量相当或略低。

表5-4 城市地下商业空间内部空气质量控制指标

地下建筑类型	二氧化碳/(体积%)	甲醛/(mg·m⁻³)	氨/(mg·m⁻³)	苯/(mg·m⁻³)	TVOC/(mg·m⁻³)	氡/(Bq·m⁻³)	菌落总数/(CFU·m⁻³)
地下商业设施	≤0.15	≤0.1	≤0.2	≤0.09	≤0.6	≤400	≤4000
地下文化娱乐设施	≤0.15	≤0.1	≤0.2	≤0.09	≤0.6	≤400	≤4000
地下体育设施	≤0.1	≤0.08	≤0.2	≤0.09	≤0.5	≤400	≤4000

3. 光环境控制

采用自然采光方式可降低建筑室内人工照明能耗,如通过天窗将自然光直接引入室内、通过下沉式广场增加地下空间的侧向自然采光面积、通过地下中庭接受并传送阳光从而改善地下空间的光环境。当选择天然采光时,应采取合理的遮光措施,避免产生眩光。

主动式采光系统采用渠光、传光和散光等装置与配套的控制系统将自然光传送到地下空间内部,从而改善室内光环境,减少人工照明能耗,使地下空间符合绿色照明、保护环境的绿色建筑可持续发展的战略目标。目前常用的天然导光技术(光导管)可将自然光导入地下,取代部分地下空间的人工照明,节省建筑用电,减少运营费用,改善地下空间的光环境质量,符合节能环保的绿色建筑理念。

不同的营业场所对照度、均匀度、眩光限制、显色性等照明参数的要求各不相同,应按相关标准配置。地下空间的采光更多的是以人工照明为主,其采光标准值、照度标准值、照明质量应符合现行国家标准《建筑采光设计标准》(GB 50033—2013)及《建筑照明设计标准》(GB 50034—2013)的有关规定。

4. 声环境控制

城市地下商业空间配置有一定量的大型设备机房,包括空调机房、冷冻机房、水泵房、变电所等,这些用房的设备机组往往产生较大的噪声与振动,设备机组及管道除了进行自身设置减振、消声处理外,其设备用房的维护结构也需要进行减振、隔声和吸声处理。

(1)室内允许噪声级、围护结构的空气声隔声标准、楼板的撞击声隔声标准应符合现行国家标准《民用建筑隔声设计规范》(GB/T 50118—2010)的有关规定。

(2)有噪声和振动的设备用房与噪声敏感房间在同层平面宜分区布置,当不能分区布置时应采取隔声减振措施。

（3）有噪声和振动的设备用房应采取隔声、隔振和吸声等措施，并应对设备和管道采取减振、消声处理。各类管道穿过楼板和墙体时，应在孔洞周边采取密封隔声措施。排水管道宜采取隔声包裹等降低噪声的措施。

（4）对安静度要求高的房间应设置吊顶，其围合墙体应设置吸声材料，其隔墙应延伸至梁、板底面。

5.3.4 景观设计

1. 室内景观设计

营造良好的地下环境，不仅能满足购物者的心理需求，同时也是商业品质的体现，直接影响商业效益。城市地下商业空间的室内景观设计应结合室内空间的组织、装修材料及图案色彩的应用、绿化小品的布局、灯具照明的选择，来体现商业建筑的特性及内涵，营造愉悦的购物环境，创造最大的购买力和商业利润。

城市地下商业空间的室内景观应符合下列原则。

（1）通过调整好空间的尺度与比例，解决好对比与统一、过渡与衔接的关系，创造室内视觉空间。

（2）通过色彩、图案、质感的处理，以及座椅、绿化、小品、灯具等装修装饰材料的选择营造室内环境氛围。

（3）商业动线的节点处应设置开敞、立体、变化的空间组合，引入自然生态元素，创建室内绿化景观庭院。

2. 绿色生态环境设计

绿色建筑是指在建筑的全寿命周期内，最大限度地节约资源，节能、节地、节水、节材、保护环境和减少污染，为人们提供健康、适用和高效的使用空间，与自然和谐共生的建筑。绿色建筑的目标是实现人居环境的可持续发展。城市地下商业空间的绿色建筑应体现在地形、空间等自然环境的利用中，太阳、光、风等天然洁净能源的使用中，低碳建材、设施及节能技术的应用中，就地取材、废物利用等节约土地资源的方式中，中水利用、雨水收集等自然环境的保护措施中。构建绿色建筑的目的是共同打造节能减排、低能耗的绿色生态环境。

城市地下商业空间的绿色生态环境应符合下列原则。

（1）采用自然通风、自然采光、室内空间绿化、天然导光技术等设计手段，达到绿色建筑倡导的低能耗及零能耗的目标。

（2）选择本土材料、新型绿色节能环保材料等室内装修材料，达到绿色建筑倡导的节约自然资源的目标。

（3）采用节能、隔声减噪等措施，以及节能型电梯、节能型灯具、节水型卫生洁具等设施，达到绿色建筑倡导的节约能源的目标。

6 地下综合管廊规划与设计

城市地下管线是城市范围内供水、排水、燃气、热力、电力、通信、广播电视、工业等的管线及其附属设施,是保障城市运行的重要基础设施和"生命线"。近年来,随着城市快速发展,地下管线建设规模不足、管理水平不高等问题凸显,一些城市相继发生大雨内涝、管线泄漏爆炸、路面塌陷等事件,严重影响了人民群众生命财产安全和城市运行秩序。目前,我国城镇化进程加快,为提升管线建设水平,保障市政管线的安全运行,有必要采用新的管线敷设方式——综合管廊。

加快推进地下综合管廊建设,统筹各类市政管线规划、建设和管理,不仅可以解决反复开挖路面、架空线网密集、管线事故频发等问题,还可以保障城市安全、完善城市工程、美化城市景观、促进城市集约高效和转型发展,有利于提高城市综合承载能力和城镇化发展质量,有利于增加公共产品有效投资、拉动社会资本投入、打造经济发展新动力。

6.1 地下综合管廊规划内容及原则

6.1.1 规划内容及流程

1. 规划编制组织

地下综合管廊建设规划应在做好新老城区统筹、地下空间统筹、直埋及入廊管线统筹的基础上,根据城市总体规划、地下管线总体规划、控制性详细规划,与地下空间规划、道路规划等保持衔接与协调。管廊建设规划应对相关专项规划起到引导作用,实现多规融合。

2. 规划编制内容

综合管廊建设规划宜根据城市规模及规划区域的不同,分类型、分层级确定规划内容及深度。

市级综合管廊建设规划,应在分析市级重大基础设施、轨道交通设施、重要人民防空设施、重点地下空间开发等现状、规划情况的基础上,提出综合管廊布局原则,确定全市综合管廊系统总体布局方案,形成以干线、支线管廊为主体的、完善的骨干管廊体系,并对各行政分区、城市重点地区或特殊要求地区综合管廊规划建设提出针对性的指导意见,保障全市综合管廊建设的系统性。

区级综合管廊建设规划是市级综合管廊工程规划在本区内的细化和落实,应结合区域内实际情况对市级综合管廊规划确定的系统布局方案进行优化、补充和完善,增加缆线管廊布局研究,细化各路段综合管廊的入廊管线,以此细化综合管廊断面选型、三维控制线划定、重要节点控制、配套及附属设施建设、安全防灾、建设时序、投资估算、保障措施等规划内容。

3. 规划期限及范围

综合管廊建设规划期限应与上位规划及相关专项规划一致,原则上5年进行一次修订,或根据上位规划及相关专项规划和重要地下管线规划的修编及时调整。

综合管廊建设规划范围应与上位规划及相关专项规划保持一致。

4. 规划技术流程

规划编制的技术流程如下。

(1)依据上位规划及相关专项规划,合理确定规划范围、规划期限、规划目标、指导思想、基本原则。

(2)开展现状调查,通过资料收集、相关单位调研、现场踏勘等,了解规划范围内的现状及需求。

(3)确定系统布局方案。主要包括:①根据规划建设区现状、用地规划、各类管线专项规划、道路规划、地下空间规划、轨道交通规划及重点建设项目等,拟订综合管廊系统布局初始方案;②对相关道路、城市开放空间、地下空间的可利用条件进行分析,并与各类管线专项规划相协调,分析系统布局初始方案的可行性及合理性,确定综合管廊系统布局方案,提出相关专项规划调整建议;③根据城市近期发展需求,如新区开发和老城改造、轨道交通建设、道路新改扩建、地下管线新改扩建等重点项目建设计划,确定综合管廊近期建设方案。

(4)分析综合管廊建设区域内现状及规划管线情况,并征求管线单位意见,进行入廊管线分析。

(5)结合入廊管线分析,优化综合管廊系统布局方案,确定综合管廊断面选型、三维控制线、重要节点、监控中心及各类口部、附属设施、安全防灾、建设时序、投资估算等规划内容。

(6)提出综合管廊建设规划实施保障措施。

综合管廊建设规划技术流程见图6-1。

6.1.2 规划基本原则

综合管廊规划是城市各种地下市政管线及非城市重要工程管线的综合规划,应遵循如下基本原则。

(1)综合管廊规划应符合城市总体规划要求,规划年限应与城市总体规划一致,并应预留远景发展空间。

(2)综合管廊规划应与城市地下空间规划、工程管线专项规划及管线综合规划相衔接。

(3)综合管廊规划应坚持因地制宜、远近结合、统一规划、统筹建设的原则。

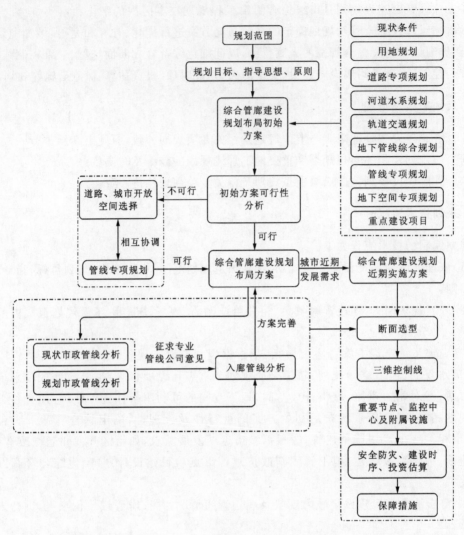

图 6-1 综合管廊建设规划技术流程

(4)综合管廊规划应集约利用地下空间,统筹规划综合管廊内部空间,协调综合管廊与其他地上、地下工程的关系。

(5)综合管廊规划应包含平面布局、断面、位置、近期建设计划等内容。

6.1.3 规划成果编制

综合管廊建设规划编制成果由文本、图纸与附件组成。成果形式包含纸质成果和电子文件。

1. 文本

文本应以条文方式表述规划结论,内容明确简练,具有指导性和可操作性。

文本内容包括总则、规划可行性分析、规划目标和规模、建设区域、规划统筹、系统布局、管线入廊分析、综合管廊断面选型、三维控制线划定、重要节点控制、监控中心及各类口部、附属设施、安全防灾、建设时序、投资估算、保障措施等部分。

2. 图纸

图纸应能清晰、规范表达相关规划内容。

图纸内容应包括综合管廊建设区域范围图、综合管廊建设区域现状图、管线综合规划图、综合管廊系统规划图、综合管廊断面示意图、三维控制线划定图、重要节点竖向控制及三维示意图、综合管廊分期建设规划图等图件。

6.2 地下综合管廊布局规划

6.2.1 平面布局

综合管廊布局应与城市功能分区、建设用地布局和道路网规划相适应,应以城市总体规划的用地布置为依据,以城市道路为载体,既要满足现状需求,又能适应城市远期发展。应结合城市地下管线现状,在城市道路、轨道交通、给水、雨水、污水、再生水、天然气、热力、电力、通信等的专项规划以及地下管线综合规划的基础上,确定综合管廊的布局。

综合管廊应与地下交通、地下商业开发、地下人防设施及其他相关建设项目协调。当地下交通、地下商业、地下人防设施等地下开发利用项目在空间上有交叉或者重叠时,应在规划、选线、设计、施工等阶段将上述项目在空间上进行统筹考虑,在设计施工阶段同步开展,并预先协调可能遇到的矛盾。

综合管廊宜分为干线综合管廊、支线综合管廊及缆线管廊(图6-2),当遇到下列情况之一时,宜采用综合管廊。

(1)交通运输繁忙或地下管线较多的城市主干道以及配合轨道交通、地下道路、城市地下综合体等建设工程地段。

(2)城市核心区、中央商务区、地下空间高强度成片集中开发区、重要广场、主要道路的交叉口、道路与铁路或河流的交叉处、过江隧道等。

(3)道路宽度难以满足直埋敷设多种管线要求的路段。

(4)重要的公共空间。

(5)不宜开挖路面的路段。

城市综合管廊工程建设可以做到"统一规划、统一建设、统一管理",减少道路重复开挖的频率,集约利用地下空间。但是由于综合管廊主体工程和配套工程建设初期的一次性投资较大,不可能在所有道路下均采用综合管廊方式进行管线敷设。结合现行国家标准《城市工程管线综合规划规范》(GB 50289—2016)的相关规定,在传统直埋管线因为反复开挖路面对道路交通影响较大、地下空间存在多种利用形式、道路下方空间紧张、地上地下高强度开

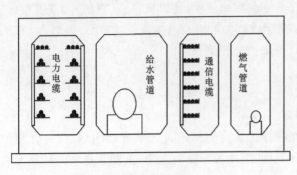
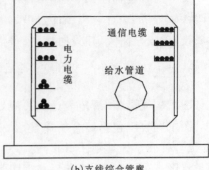

(a) 干线综合管廊　　　　　　　　(b) 支线综合管廊

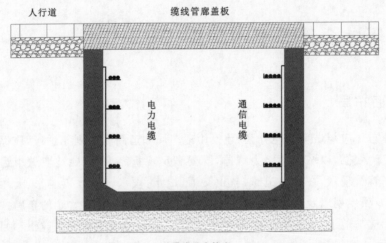

(c) 缆线综合管廊

图 6-2　综合管廊分类示意图

发、地下管线敷设标准要求较高的地段,以及对地下基础设施高负荷利用的区域,适宜建设综合管廊。应设置监控中心,监控中心宜与邻近公共建筑合建,建筑面积应满足使用要求。

综合管廊由于配套建有完善的监控预警系统等附属设施,需要通过监控中心对综合管廊及内部设施运行情况实时监控,保证设施运行安全和智能化管理。监控中心宜设置控制设备中心、大屏幕显示监控、会商决策室等。监控中心的选址应以满足其功能为首要原则,鼓励与城市气象、给水、排水、交通等相关领域的监控管理中心或周边公共建筑合建,便于对智慧型城市建设和城市基础设施统一管理。

6.2.2　断面确定

1. 断面形式

综合管廊的断面形式应根据纳入管线的种类及规模、建设方式、预留空间等确定。综合管廊的断面形式应根据管线种类和数量、管线尺寸、管线的相互关系以及施工方式等综合确定。断面应满足管线安装、检修、维护作业所需要的空间要求。断面尺寸应根据综合管廊内各管道(线缆)的数量和布置要求确定,管道(线缆)的间距应满足各专业管道(线缆)的相关设计和施工技术要求。

2. 管线布置

综合管廊内的管线布置应根据纳入管线的种类、规模及周边用地功能确定。

天然气管道应在独立舱室内敷设;热力管道采用蒸汽介质时应在独立舱室敷设;热力管道不应与电力电缆同舱敷设;110kV及以上电力电缆,不应与通信电缆同侧布置;给水管道与热力管道同侧布置时,给水管道宜布置在热力管道下方。进入综合管廊的排水管道应采用分流制,雨水纳入综合管廊可利用结构本体或采用管道排水方式;污水纳入综合管廊应采用管道排水方式,污水管道宜设置在综合管廊的底部。

6.2.3 位置选择

综合管廊位置应根据道路横断面、地下管线和地下空间利用情况等确定。在道路下面的位置,应结合道路横断面布置、地下管线及其他地下设施等综合确定。此外,在城市建成区尚应考虑综合管廊位置与地下已有设施的位置关系。

干线综合管廊宜设置在机动车道、道路绿化带下,支线综合管廊宜设置在道路绿化带、人行道或非机动车道下,缆线管廊宜设置在人行道下。

综合管廊的覆土深度应根据地下设施竖向规划、行车荷载、绿化种植及设计冻深等因素综合确定。

6.2.4 管线入廊

入廊管线应依据相关上位规划,并综合考虑建设区域工程管线现状、周边建筑设施现状、水文地质条件及交通组织等因素确定。

重力流排水管线纳入管廊应根据排水系统整体布局,并综合地形、地势及技术经济条件确定。

天然气管线纳入管廊应根据周边环境的安全要求、经济技术条件和发展需求等综合确定。管道设计压力不宜大于1.6MPa。

入廊管线的管径应符合下列规定。

(1)给水、再生水管道公称直径不宜大于DN1200,缆线管廊内配给性给水、再生水管线公称直径不宜大于DN300。

(2)污水管道公称直径不宜大于DN1200。

(3)热力管道公称直径不宜大于DN1000。

(4)单舱敷设的天然气管道公称直径不宜小于DN150。

(5)垃圾气力输送管道公称直径不宜小于DN500。

6.3 地下综合管廊总体设计

6.3.1 总体设计内容及要求

1. 总体设计一般原则

综合管廊的总体设计应满足如下基本原则。

(1)综合管廊平面中心线宜与道路、铁路、轨道交通、公路中心线平行。

(2)综合管廊穿越城市快速路、主干路、铁路、轨道交通、公路及河道时,宜垂直穿越;受条件限制时可斜向穿越,最小交叉角不宜小于60°。

(3)综合管廊断面形式及尺寸应根据入廊管线的种类及规模、建设方式、预留空间及运维等因素综合确定。

(4)综合管廊管线分支口应满足管线预留数量、管线进出、安装敷设作业的要求,并应进行集约化布置。相应的分支管线及配套设施应同步设计。

(5)综合管廊每个舱室应设置人员出入口、逃生口、通风口、吊装口、管线分支口等,并应整合集约设置,其布置间距应满足安全使用要求。

(6)综合管廊空间设计应预留管线、管线附件,以及综合管廊附属设施安装、运行、维护作业所需要的空间。

(7)综合管廊应按管线要求并结合管廊结构条件设置支墩、支吊架或预埋件。

(8)综合管廊顶板处应设置供管道及附件安装用的吊钩、拉环或导轨。吊钩、拉环间距不宜大于5m。

(9)综合管廊内的爬梯、楼梯等部件应采用不燃材料。

(10)含天然气管道舱室的管廊不应与其他建筑物合建。天然气管道舱与其他舱室不得连通。

(11)综合管廊的雨水舱、污水管道舱宜结合城市排水防涝及海绵城市功能协调建设。

(12)综合管廊舱室内设计环境温度不宜高于40℃。

2. 设计内容及技术要求

总体设计是基于综合管廊基本功能,并为确保工程顺利实施而对综合管廊平面、纵断面、横断面、口部及相关节点进行的空间设计,是综合管廊工程设计的核心内容。综合管廊总体设计应以实现"确保管线安装敷设及安全运行"这一基本功能为目标。

综合管廊总体设计一般包括设计总说明、标准断面设计、平面布置设计、纵断面布置设计及综合管廊功能性节点设计等内容(表6-1)。

表6-1 综合管廊总体设计内容及要求

总体设计	主要内容	设计要求
总说明	总体设计说明	规模、位置、主要技术要求
总体布置	标准段面	标准断面及特殊断面、入廊管线说明
	位置关系	在道路下方的平面、竖向位置及说明
	平面布置	与道路及相关设施的平面关系,防火分区及通风区间标识,变形缝位置标识
	纵断面布置	与道路及相关设施的竖向关系
功能口部	端部井	综合管廊起始与结束,管线进入或引出综合管廊的口部
	分支口	管线进入综合管廊或自综合管廊引出至用户的口部及附属设施
	通风口	综合管廊进排风的口部,可兼做人员逃生口,出地面部分与景观协调,并应避开机动车道或非机动车道
	吊装口	设备及管线进入综合管廊的口部,可兼做人员逃生口,出地面部分与景观协调,并应避开机动车道或非机动车道
	分变电所	按照供电分区设置,用于放置供配电设备的口部,出地面部分与景观协调,并应避开机动车道或非机动车道
	交叉口	综合管廊交叉时,满足管线互通、人员通行及防火分区独立需求的口部
	人员出入口	综合管廊与外部连通的口部,一般应设置楼梯通向地面
	人员逃生口	满足人员自综合管廊主体舱室内逃生需求的口部,逃生口的形式有:①以直爬梯形式通向综合管廊安全夹层或地面;②通向临近安全舱室,并通过临近舱室通向安全空间。逃生口可与通风口、吊装口合建,人员出入口具有逃生口的功能
协调节点	倒虹	综合管廊与河流、地道、排水管线等竖向标高冲突时,设置的综合管廊局部标高变化段
	过地铁段	与地铁车站或区间段的关系处理。根据建设时序、工程结构及功能需求确定空间关系,采用合建与分离避让的建设方式
	地下空间	与同步规划建设的地下空间设施的平面和竖向关系。地下空间综合利用的核心是高效、有序,判断综合管廊与地下空间设施采用合建或分离方式,应以各自功能充分发挥、结构合理、工程安全为基本原则
控制中心	控制、配电	可采用单独建设或与其他建筑合建形式,一般包含控制室、总配电间(根据电气设计方案确定)、管理人员办公室及其他功能空间

6.3.2 断面设计

综合管廊标准断面的布置形式是综合管廊总体设计的重要内容。合理的标准断面布置形式不仅有利于综合管廊建设的实施,更有利于管廊内各种管线后期的安装、运行和维护,可以在合理的投资范围内使综合管廊实现功能最大化。因此,综合管廊标准断面的布置需要结合工程的实际情况，综合考虑各类影响因素，进行精细化设计。

一般情况下，综合管廊的标准断面布置主要解决以下问题：①舱室数量；②舱室大小；③舱室布置形式。

1. 断面布置原则

综合管廊的断面形式应结合施工方式确定。明挖现浇施工时宜采用矩形断面；明挖预制装配施工时宜采用矩形断面，也可采用圆形或类圆形断面；顶管、盾构施工时宜采用圆形断面或矩形断面；沟槽式缆线管廊宜采用矩形断面。

综合管廊断面设计也应结合道路断面、地下轨道交通及其他地下设施进行布置。当综合管廊与地下轨道交通或其他地下设施整体建设时，其断面形式应与共建的地下设施相协调。

2. 管线布置及舱室布置

综合管廊内的管线布置应满足如下要求：小直径管道宜布置在上部，大直径管道宜布置在下部；电力电缆与通信线缆同侧敷设时，电力电缆宜布置在下部，通信线缆宜布置在上部；需经常维护的管线宜靠近中间通道布置。

综合管廊舱室布置应根据管廊空间、入廊管线种类及规模、管线间相互影响及周边用地功能和建设用地条件等因素确定。入廊管线中相互无影响的工程管线可设置在同一舱室内，相互有影响的工程管线应分舱布置或采用减少相互影响的措施。干线管道舱室宜布置在中间或内侧，支线管道舱室宜布置在外侧且应靠近管线服务地块一侧。

对于综合管廊纳入管线的种类应严格遵守《城市综合管廊工程技术规范》（GB 50838—2015）及《城市地下综合管廊工程设计标准》（T/CECA 20022—2022）的相关规定。

3. 断面尺寸要求

（1）断面净高。综合管廊断面净高，干线和干支混合管廊净高不宜小于 2.4m；支线管廊净高不宜小于 2.1m；缆线管廊净高不宜大于 1.8m；封闭式工作井净高不宜小于 1.9m；管廊逃生口和进出口通道高度、与其他地下建（构）筑物交叉局部区段的净高不宜小于 2.0m。

（2）通道净宽。综合管廊通道净宽应满足管道、配件及设备运输和通行的要求。干线、干支混合及支线管廊内两侧敷设线缆或管道时，通道净宽不宜小于 1.0m；当单侧敷设线缆或管道时，通道净宽不宜小于 0.9m。缆线管廊内两侧敷设线缆时，通道净宽不宜小于 0.7m；单侧敷设线缆时，通道净宽不宜小于 0.6m。配备检修车时通道宽度不宜小于 2.2m，在通道转弯处应满足检修车正常作业及管线拖运的要求。一个舱室内有多个通道时，不用于交通的辅助通道宽度不小于 0.6m。

（3）管道安装净距。综合管廊的管道安装布置见图 6-3，相关净距满足表 6-2 的相关要求。

（4）电力电缆断面布置。电力电缆的断面布置应符合现行国家标准《电力工程电缆设计标准》（GB 50217—2018）的有关规定。其中，电力电缆支架层间垂直间距和支架长度宜按表 6-3 确定，电力电缆支架离底板和顶板的最小净距不宜小于表 6-4 的规定。

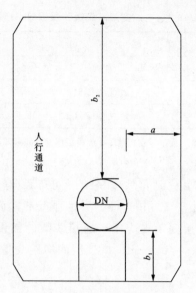

图 6-3 管道安装布置示意图

注：DN 表示公称直径；a、b_1、b_2 表示管道安装净距。

表 6-2 综合管廊的管道安装净距

公称直径 DN	管道安装净距/mm					
	铸铁管、螺栓连接钢管			焊接钢管、化学材料或复合材料管		
	a	b_1	b_2	a	b_1	b_2
<DN400	300	300	800	400	400	800
DN400～DN900	400	400		400	400	
DN1000～DN1200	500	500		500	500	

表 6-3 电力电缆支架层垂直间距和支架长度

电缆电压级和类型、敷设特征		垂直支架、吊架（最小垂直间距/mm）	桥架（最小垂直间距/mm）	支架/桥架（长度/mm）
控制电缆明敷		120	200	600～800
电力电缆明敷	6kV 以下	150	250	600～800
	6～10kV 交联聚乙烯	200	300	
	35kV 单芯	250	300	
	35kV 三芯	300	350	
	110(66)～220kV	350	400	
电缆敷设于槽盒中		$h+80$	$h+100$	

注：(1) h 表示槽盒外壳高度。

(2) 10kV 及以上高压电力电缆接头的安装空间应单独考虑。

表 6-4 电缆支架离底板和顶板最小净距

敷设位置		最小净距/mm
最下层支架与底板间		100
最上层支架与顶板间	放置电缆时	270
	放置其他管线时	300

注：当电力电缆采用垂直蛇形敷设时，最下层支架与底板间净距应满足蛇形敷设的要求。

(5)通信线缆桥架层间布置。通信线缆桥架层间布置应便于通信线缆的敷设和固定。线缆桥架最下层距地面不得小于 300mm，最上层距顶板不宜小于 300mm，与其他管线净距不宜小于 250mm。线缆桥架层间距离应便于通信线缆的敷设和固定，线缆桥架宽度宜为 300~600mm，层间距离不宜小于 250mm。桥架层间净距应考虑接头盒安装位置和盘纤空间。

4. 典型标准断面尺寸及说明

根据分舱原则，综合管廊通常有单舱、双舱、三舱等多种断面形式，其中单舱的标准断面是其他多舱断面的基础组成形式。故首先进行单舱综合管廊的标准断面设计，确定单舱断面在纳入不同管线类别和管径条件下的布置形式及断面尺寸。以下列举几种常见管线布置形式及标准断面设计尺寸。

1)标准断面一：纳入电力、信息、给水、中水管线的综合管廊

纳入的管线为 10kV 电力、信息、给水、中水等管线时，其适用纳入管线规模及舱室断面尺寸如图 6-4、表 6-5 所示。其断面尺寸根据纳入管线规模的变化而不同，推荐断面宽度以 400mm 为模数、断面高度以 300mm 为模数进行调整，以适应管廊内管道的检修、安装及运维需求。

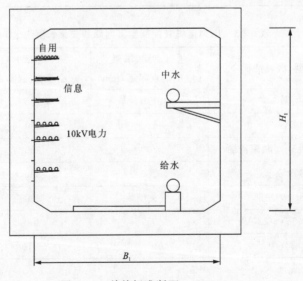

图 6-4 单舱标准断面一(单位：mm)

表6-5 标准断面一管廊舱室尺寸选用表

编号	B_1/mm	H_1/mm	公称直径DN		信息	10kV
			给水	中水		
1	2400	2400	DN300	DN300	2排桥架	3排托臂
2	2800	2700	DN600	DN300	2排桥架	4排托臂
3	3200	3000	DN800	DN300	3排桥架	4排托臂

2)标准断面二:纳入110kV/220kV高压电力电缆的综合管廊

主要适用于110kV/220kV高压电力电缆采用单舱形式敷设的综合管廊断面。根据高压电力支架的竖向间距和托臂长度确定综合管廊标准断面的净宽和净高,其断面布置形式可按图6-5选用,其适用纳入管线规模及舱室断面尺寸见表6-6。断面的宽度和高度变化模数分别为400mm和300mm。

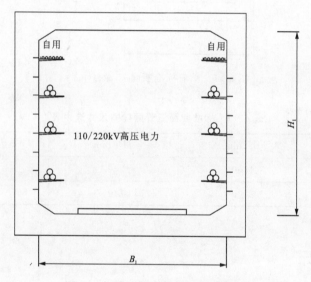

图6-5 单舱标准断面二(单位:mm)

表6-6 标准断面二管廊舱室尺寸选用表

编号	B_1/mm	H_1/mm	110kV	220kV	备注
1	2000	2400	2回	1回	单侧布置
2	2800	2400	4回	2回	双侧布置
3	2800	3000	6回	2回	双侧布置
4	2800	3300	4回	4回	双侧布置

3)标准断面三:纳入天然气管道的综合管廊

根据《城市地下综合管廊工程设计标准》(T/CECA 20022—2022)的相关规定纳入管廊

的天然气管道需单舱敷设,舱室断面尺寸根据天然气管径大小进行调整,其布置形式可按图6-6选用,其适用纳入管线规模及舱室断面尺寸如表6-7所示。断面的宽度和高度变化模数分别为200mm和300mm。

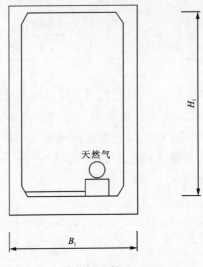

图6-6 单舱标准断面三(单位:mm)

表6-7 标准断面三管廊舱室尺寸选用表

编号	B_1/mm	H_1/mm	天然气公称直径DN
1	1800	2400	DN300
2	2000	2400	DN450

6.3.3 平面设计

综合管廊的平面设计主要包括管廊平面布局、管廊各功能节点定位,并反映管廊周边现状或规划的建(构)筑物、道路及相关设施的相互关系。

1. 平面布置原则

综合管廊平面位置应根据道路横断面、地下管线和地下空间利用情况确定,并应与相邻建筑、河道、轨道、桥梁以及其他地下设施相协调。其布置原则如下。

(1)干线管廊宜布置在机动车道或道路绿化带下。

(2)干支混合管廊和支线管廊宜布置在道路绿化带、人行道或非机动车道下。

(3)缆线管廊宜布置在人行道下;当采用组合排管缆线管廊时,可布置在非机动车道或绿化带下。

(4)管廊外露节点宜布置在道路绿化带或人行道区域。

2. 与周边环境要求

综合管廊与相邻地下管线及地下构筑物的最小净距应满足表6-8的要求。

表6-8 综合管廊与相邻地下管线及地下构筑物的最小净距

施工方法	明挖施工	顶管、盾构施工
综合管廊与地下构筑物水平净距/m	1.0	综合管廊外径或外侧高度
综合管廊与地下管线水平净距/m	1.0	综合管廊外径或外侧高度

3. 管廊运行要求

综合管廊最小转弯半径应满足管廊内各种管线及检修车转弯半径的要求。含热力管道的管廊不宜设置弧形段。天然气管道舱室与周边建(构)筑物间距应符合现行国家标准《城镇燃气设计规范(2020年版)》(GB 50028—2006)的有关规定。综合管廊节点不宜设置在管廊折角位置处。

4. 道路下方典型平面设计

综合管廊是道路下方的附属设施,宜布置在道路红线或绿线范围内,主要布置方式如下。
(1)当道路规划有较宽绿化带时,综合管廊优先布置在绿化带内(图6-7)。

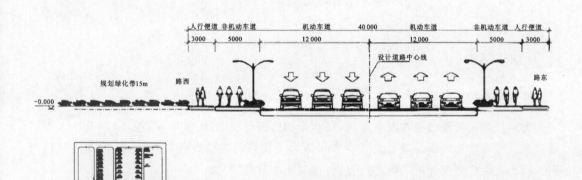

图6-7 综合管廊布置在道路一侧绿化带内(单位:mm)

(2)当道路绿化带较窄时,宜优先将管径大、吊装困难的管线舱室布置在绿化带下方(图6-8)。
(3)当道路无绿化带,或绿化带规划有高架桥、轨道交通时,综合管廊宜布置在人行道或非机动车道下方(图6-9)。

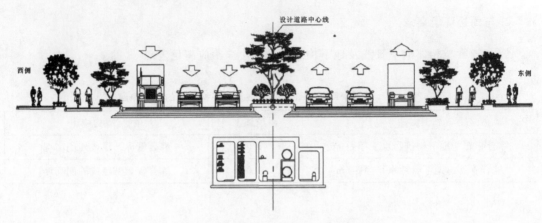

图 6-8 综合管廊布置在道路中央绿化带内

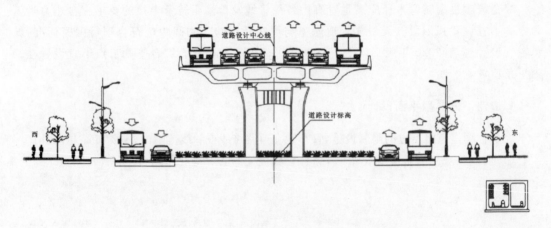

图 6-9 综合管廊布置在道路人行道下方

5. 管廊各功能节点的布置位置

为保证纳入管线的正常安全运行,综合管廊内需设置通风、供电、监控、消防及排水等附属设施。综合管廊内需设置各类节点来保障以上附属设施的安装与运行,且管廊内管线的引入引出及维修更换等需求,也需通过各种功能性节点满足。

6.3.4 纵向设计

综合管廊纵向设计主要目的是确定综合管廊纵向高程的定位及管廊覆土厚度,明确地下设施的位置关系,避免与地下规划或现状构筑物、河道、桥梁等产生施工冲突,以及明确综合管廊每个防火分区的集水坑位置等。

1. 纵向设计原则

综合管廊与地下公共人行通道竖向交叉时,管廊宜布置在地下公共人行通道的下方。

当综合管廊与地下轨道交通车站的出入口通道竖向交叉时,在满足车站使用功能的前提下,管廊宜布置在上方。综合管廊的节点井、分支口、端部井、管廊交叉口等连接部位竖向空间设计,应满足该处各种管线转弯半径的要求。

2. 管廊覆土厚度

综合管廊的覆土厚度应根据地下设施竖向综合规划、管廊位置、行车荷载、绿化种植、冻土深度及地下水位高度等因素综合确定,并应满足管廊顶部设置吊装口、通风口等节点的要求,且应符合下列要求。

(1)干线、干支混合管廊覆土厚度不宜小于2.5m。

(2)支线管廊覆土厚度不宜小于2.0m。

(3)缆线管廊宜浅埋。

3. 管廊与相交管线关系

当采用明挖法施工时,综合管廊与相邻地下管线垂直净距不应小于0.5m;当采用顶管或盾构法施工时,不应小于1.0m。

综合管廊与管道交叉时,宜选择管道避让管廊的措施。

4. 管廊与河道的竖向关系

当综合管廊与河道交叉时宜垂直交叉,穿越河道时应选择在河床稳定的河段,最小覆土深度应满足河道整治、抗冲刷和安全运行的要求,并应符合下列规定。

(1)对于Ⅰ~Ⅴ级航道,管廊顶部高程应在远期规划航道底高程2.0m以下。

(2)对于Ⅵ、Ⅶ级航道,管廊顶部高程应在远期规划航道底高程1.0m以下。

(3)对于其他河道,管廊顶部高程应在河道底设计高程1.0m以下。

5. 管廊纵向坡度要求

综合管廊纵向坡度宜与所在道路的纵向坡度一致,且不宜小于0.2%;当有检修车通道时,纵向坡度需考虑检修车通行要求;管廊纵向坡度超过10%时,应在人员通道部位设防滑地坪或台阶。

6.3.5 节点设计

综合管廊功能性节点口部主要指为了满足管廊内通风、配电、监控、消防等附属功能要求以及实现管线的引入引出、检修运维而设置的特殊节点,主要包括吊装口、进风口、排风口、管线分支口等。

1. 节点口部布置原则

(1)综合管廊的每个舱室应设置人员出入口、逃生口、吊装口、进风口、排风口、管线分支口等。

(2)综合管廊的人员出入口、逃生口、吊装口、进风口、排风口等节点露出地面的设施应满足城市防洪及防涝要求,并应采取防止地面水倒灌及小动物进入的措施。

(3)综合管廊人员出入口宜与逃生口、吊装口、进风口结合设置,且不应少于2个。

(4)逃生口尺寸不应小于1m×1m,当为圆形时,内径不应小于1m。

(5)吊装口净尺寸应满足管线、设备、人员进出的最小允许限界,最大间距不宜超过400m。

(6)综合管廊进风口及排风口的净尺寸应满足通风设备进出的最小尺寸要求,或单独设置风机设备吊装口。

(7)天然气管道舱室的排风口与其他舱室排风口、进风口、人员出入口以及周边建(构)筑物口部距离不应小于10m。天然气管道舱室的各类孔口应单独设置,不得与其他舱室连通。

(8)露出地面的逃生口盖板应配有易于人力内部开启、外部非专业人员难以开启的安全装置,且盖板宜具有远程开启功能。

2. 通风口设计

综合管廊通风口的主要功能是保障综合管廊通风风机及其附属设施的安装及运行,配电监控的设备间及人员逃生口可与通风口结合设置。

通风口一般利用综合管廊上部覆土空间,以夹层的形式布置,为全地下式结构,仅通风格栅等露出地面。

通风口各个区域的面积大小应由各种设备所占空间决定:通风机房的面积应能满足风机、风管的安装需要,并预留人员检修逃生、设备更换的空间;配电间的面积应能满足电气设备的安装、检修需要;风井及露出地面格栅部分的面积应满足通风功能的需要。典型的通风口节点设计见图6-10。

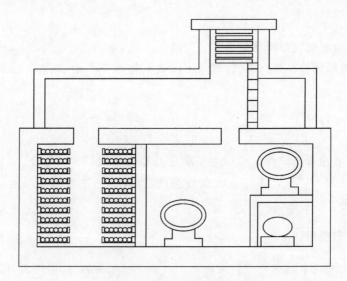

图6-10 通风口节点设计示意图

3. 吊装口设计

综合管廊吊装口的主要功能是满足各类管线及其附属构件的安装、运维需要，一般还同时兼顾人员逃生的功能。

吊装口一般利用综合管廊上部覆土空间，以夹层的形式布置，为全地下式结构，仅吊装的口部露出地面。

吊装口尺寸由管线及其附属构件的尺寸决定，特别是对于刚性管件的吊装口而言，它在长度方向上要满足管线单元（附属构件）的进入要求（如给水管线管节一般长度为6m，天然气、热力管线管节一般长度为12m），在宽度方向上要满足管道管径（附属构件宽度）的最小要求，特别需要注意管道附属构件（如阀门、伸缩节等）的尺寸一般比管径要大的情况，应留足吊装口空间。典型的吊装口节点设计如图6-11所示。

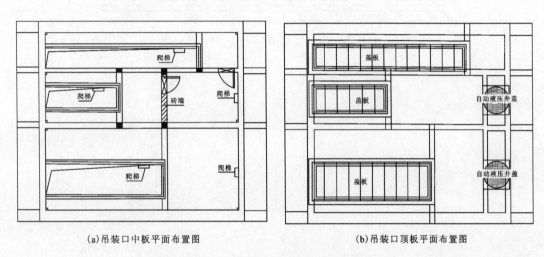

(a) 吊装口中板平面布置图　　　　(b) 吊装口顶板平面布置图

图6-11　吊装口节点设计示意图

4. 管线分支口设计

综合管廊管线分支口的主要功能是满足各类管线引入引出的需要。

管线分支口处引入引出的管线应根据管线单位的需求确定，并适当预留。管线分支口内部空间应能满足各类管线在管廊内转弯半径的需求，管廊外壁应根据引入引出的管线规模预埋定型防水套管或防水组件。管线过路套管应与管线分支口同步建设，确保后期管线引入引出时可以通过套管出入管廊，避免对道路的反复开挖，在管线穿管前后应做好对套管的封堵工作。典型的管线分支口如图6-12所示。

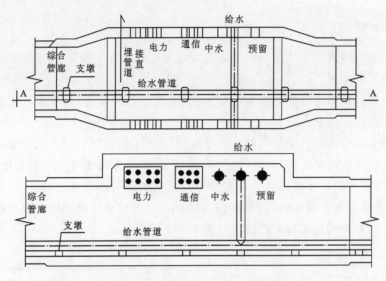

图 6-12 管线分支口示意图(上图为平面、下图为剖面)

7 地下空间环境调控与灾害防护

地下空间具有良好的防护性、密闭性、隐蔽性、稳定性等属性,以其在抗爆、防毒等方面的优越性能而成为城市的防灾空间,尤其是人防战备空间。然而,发生于地下空间内部的灾害,又由于其空间密闭的特征,使灾害的破坏程度和损失也会大大提高。因此,如何在科学合理地开发利用地下空间的同时,又能减少地下空间的内部灾害;同时,如何利用城市地下空间预防城市灾害,将地下空间的内部防灾与外部减灾功能相结合,提升城市地下空间的防灾韧性,成为地下空间规划利用研究中需要探索的重要问题。

7.1 地下空间环境特点及调控方法

7.1.1 地下空间环境特点

地下空间环境是指围绕地下空间建(构)筑物的外部空间、条件及状况,包括自然和社会两个要素,狭义的地下空间环境是指地下空间建(构)筑物所处自然环境要素的总和,包括地下空间建(构)筑物的地质环境及空气、光、热、声等环境。

地下空间的建(构)筑物建造在土层或岩层中,直接与岩土介质接触,其空气、光、声及空间等环境有别于地面建筑,使得建筑环境内部空气、光、热和声等环境具有以下几个方面的特点。

1. 空气环境方面

(1)温度与湿度。由于岩土体具有较好的热稳定性,相对于地面外界大气环境,地下建筑室内自然温度在夏季一般低于室外温度,冬季高于室外温度,且温差较大,具有冬暖夏凉的特点。但由于地下空间的自然通风条件相对较差,因此通常又具有相对潮湿的特点。

(2)热、湿辐射。地下建筑直接与岩体或土壤接触,建筑围护结构的内表面温度既受室内空气温度影响,也受地温的作用。当内表面温度高于室温时,将发生热辐射现象,反之则出现冷辐射现象。温差越大,辐射强度越高。岩体或土壤中所含的水分由于受静水压力的作用,通过围护结构向地下建筑内部渗透,即使有隔水层,结构在施工时留下的水分在与室内的水蒸气分压值有差异时,也将向室内散发,形成湿辐射。如果结构内表面达到露点温度而开始出现凝结水,则水分将向室内蒸发,形成更强的湿辐射作用。

(3)空气流速。通常,地下建筑中空气流动性相对较差,直接影响人体的对流散热和蒸发散热,影响舒适感。因此,保持适当的气流速度,是使地下环境舒适的重要措施之一,也是衡量舒适度的一个重要标准。

(4)空气的洁净度。空气中 O_2、CO、CO_2 气体的含量、含尘量,以及链球菌、霉菌等细菌含量是衡量空气洁净度的重要标准。地下停车库、地铁及地下快速道路、地下垃圾物流场等均易产生废气、粉尘,地下潮湿环境也容易滋生蚊、蝇害虫及细菌,室内潮湿,壁面温度低,负辐射大,空气中负离子含量少。因此,在规划设计中,地下空间应有相应的通风和灭菌措施。

此外,受地下空间围岩介质物理、化学和生物性因素影响,以及建筑物功能、材料、经济和技术等因素制约,地下建筑空间还可能存在许多关系人体健康和舒适的特点。组成地下空间建筑的围岩和土壤存在一定的放射性物质,不断衰变产生放射性气体氡(Rn)。另外,地下建筑装饰材料也会释放出多种挥发性有机化合物(volatile organic compounds,VOC),如甲醛、苯等有毒物质。人类在活动中也会产生一些有害物质或异味,影响室内空气质量。

2. 光环境方面

地下空间具有幽闭性,缺少自然光线和自然景色,环境幽暗,使人的方向感差。为此,在地下建筑环境处理中,对于人们活动频繁的空间,要尽可能地增加地下建筑的开敞部分,使地下空间与地面空间在一定程度上实现连通,引入自然光线,消除人们的不良心理感受。

色彩是视觉环境的内容之一,地下空间环境色彩单调,对人的生理和心理状态有一定影响,和谐淡雅的色彩使人精神爽适,刺激性过强的色彩使人精神烦躁。比较好的效果是在总体上保持色调统一和谐,在局部上适当加入鲜艳的色调或对比性较强的色调。

3. 声环境方面

地下空间与外界基本隔绝,城市噪声对地下空间的影响很小。在室内有声源的情况下,由于地下建筑无窗,界面的反射面积相对增大,噪声声压级比同类地面建筑高。在地下空间,声环境的显著特点是声场不扩散,属非扩散性扬声场,声音会因对空间的平面尺度、结构形式、装修材料等处理不当,而出现回声、声聚焦等音质缺陷,使同等噪声源在地下空间的声压级超过地面空间 5~8dB,加大了噪声污染。

4. 地质环境方面

地下空间的建筑或构筑物建造于地质环境中,与地质体共同经受地质环境中的应力、温度及水等环境要素的变化、地质环境的演化及由此产生的影响。地下空间与地质环境相互作用、相互影响和制约,其作用、影响和制约的程度和响应与地质环境的区域构造、地下空间的规模、深度、建造方式及防护等有关,其变形、破坏及强度等具有时空演化的特点。

5. 空间环境方面

地下空间相对低矮、狭小,由于视野局限,常给人幽闭、压抑的感觉。空间环境是地下建筑环境设计中最重要的因素。它是信息流、能量流、物质流的综合动态系统。地下建筑空间中的物质流,在整个空间环境中是最基本的,由材料、人流、物流、车流、成套设备等组成;能量流由光、电、热及声等物理因素转换和传递;信息流由视觉、听觉、触觉及嗅觉等构成。它们相互影响与制约,共同构成空间环境的有机组成部分。

在进行地下空间规划设计时,要从布局、高度、体量、造型和色彩上全面考虑,不仅在空间结构上优化,还要重视地下空间的入口、过渡及内部环境设计,根据地下空间建筑的特点,通过对室内装修、灯光色彩、商品陈列、盆景绿化、水帘水体、雕塑及三维环境特效演示等的设计进行改善,提高环境质量,达到空间环境、自然环境和功能环境的和谐,塑造一个优良的地下空间环境。

7.1.2 地下空间环境调控目的

地下空间环境调控,是指采用一定的技术手段,对地下空间中空气、光、热、声及视觉感观等环境要素进行调整,使环境因素的变化适应人体及设备运行等的要求,使环境系统从不平衡态转变为平衡态的调整与控制过程。

地下空间环境调控的基本作用就是通过对地下空间环境的适当调节与控制,使空气、光、热及声等环境要素水平达到有关规定的标准,空气中的温度、湿度、气流速度及洁净度与人体相适应,光线、色彩及营造的自然景观适合人体感观的需求,地下空间的规模与地质环境相适应,消除和避免地质灾害及辐射等化学危害,最终达到安全、舒适、低能耗、高效率、无损害的生态要求。

7.1.3 地下空间环境调控内容

地下空间环境调控的主要内容包括以下几点。

(1)空气环境调节。主要包括对地下空间中空气的温度、湿度、空气流速及气压等的调节,并通过调节,使空气中的 O_2、CO_x、CH_4、N_xO_y、SO_2、H_2S、Rn 等气体的含量、含尘量,以及链球菌、霉菌等细菌含量达到相关标准。

(2)光学环境调节。主要包括对照度、均匀度及色彩适宜度等的调节。

(3)声学环境调节。主要指对地下空间中噪声辐射水平或声压级的调节与控制。

(4)空间环境调节。主要指对地下空间环境中的空间形态、光影、空间色彩、纹理、设施、陈设、绿化以及标识等的调节与控制。

7.1.4 地下空间环境调控方法

1. 地下空间环境的通风调节

通过通风改善地下空间的小气候,净化空气,并排出空气中的污染物;同时,防止有害气体从室外侵入地下。常见的通风方式有自然通风、机械通风及混合式通风(图 7-1)。

自然通风,是指以自然风压、热压及空气密度差为主导,促使空气在地下空间自然流动的通风方法。在地下建筑中,自然通风一般以热压为主,常见的自然通风形式为通风烟囱+天井/中庭。

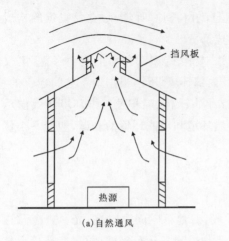
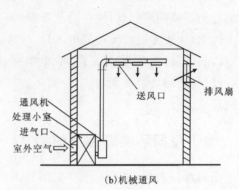

(a) 自然通风　　　　　　　　　　(b) 机械通风

图 7-1　通风形式

机械通风,是指利用通风机械叶片的高速运转,形成风压以克服地下空间通风阻力,使地面空气不断进入地下,沿着预定路线有序流动,并将污风排出地表。机械通风方法分抽出式、压入式和抽压混合式。在地下建筑中,常见的机械通风方式为中央进风、四周排风。

混合式通风,是指自然通风和机械通风相结合的通风方法。一些温差较大的地区及深部地下空间,因为无法满足人的热舒适性和通风要求,可以利用自然通风和机械通风相结合的方式实现通风。可调控的机械通风与自然通风相结合的混合式系统由于适应性强且具有较好的节能特性,在地下空间通风方式中广泛采用。

2. 地下空间环境的热-冷-湿辐射调节

地下空间由于受室内温差变化及岩土体静水压力的作用,会出现热-冷-湿辐射现象,改变室内温度,造成壁面潮湿,破坏地下空间环境质量。

热-湿调节的主要方法是采用围护结构隔离,表面加设防潮、保温和隔热材料,减少壁面对人体的负辐射;采用暖通空调对温度、相对湿度、压力、压差及浓度位差的被调参数进行自动调控,提高舒适感(图 7-2)。

3. 地下空间的光学环境调节

合理的采光和照明是地下空间光学环境调节的主要方法。照度、均匀度及色彩的适宜度是衡量光环境质量的重要指标。

在进行地下空间环境设计时,可以通过把天然光线和自然景色引入地下,增加照度和增强自然气氛,也可采用人工照明适当地提高地下照度标准。在地下建筑设计中,设置下沉广场、庭院、天窗或部分玻璃屋顶,都可以使地下空间得到一部分天然光(图 7-3)。

4. 地下空间的色彩调节

从造型、色彩、质感和光源等方面综合设计,以满足视觉舒适是地下空间色彩调节的主要内容。

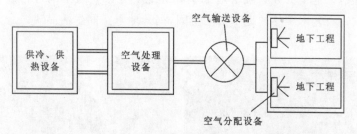

(a) 地下工程空调系统组成

(b) 地下空间组合式空调机组

图 7-2 地下工程空调系统组成及组合式空调机组

(a) 地下室采光井

(b) 下沉广场

图 7-3 地下工程采光设计

地下空间色彩调节是指在地下空间的规划设计中,运用植物、山石水体、公共设施艺术化、铺装景观、灯光等景观要素(图 7-4),在地下空间的地下入口、开敞式楼梯入口、建筑入口、独立式门厅入口、地下天井庭院及地下中庭等地下公共开放空间进行景观设计,营造出人性化、生态化、富有艺术美感的地下活动空间,提升地下空间生活品质。

图7-4 地下空间通过造型、小品进行色彩调节

5. 地下空间的声学环境调节

声学环境规划的基本要求是注意噪声源和安静空间之间的分离和隔离,室内调节的重点是考虑空间音质的改善,并注意隔离噪声。为了把地下空间室内噪声控制在容许值以下,地下声学环境调节的主要方法是隔声、吸声,并对地下空间的形状进行合理规划。

地下空间要达到创造良好的听觉环境的目的,一方面要控制噪声,以免影响人的心理情绪;另一方面需要利用适当的背景音乐来烘托环境气氛,创造舒适的听觉环境。在地下空间规划设计中,利用不同平面尺度空间音质的特殊性及隔、吸声材料与结构,可以对地下空间不同频率噪声的声压级分布与混响时间等进行调节,并达到地下空间语言广播系统音质的高清晰度。

7.2 地下空间灾害特点及防护方法

7.2.1 地下空间的属性特点

1. 自然属性

城市地下空间资源具有与生俱来的自然属性,包括恒温、恒湿、密闭、绝热、节能等。

(1)恒温。通常情况下,地下-10m深度的低温是该地区年平均积温,基本保持恒定。

(2)恒湿。密闭的地下空间中的空气湿度保持该地区年平均湿度。

(3)密闭。地下空间被周围土体围合,在一定程度上易于形成密闭空间,与外部空气相隔绝。

(4)绝热。地下空间与外部空气隔绝,与周围空气无热交换,可形成绝热环境。

(5)节能。由于具有恒温、恒湿、密闭、绝热的特性,地下空间冬暖夏凉,地下建筑与地面建筑相比较,在保温隔热方面具有更好的节能能力。

2. 环境属性

地下空间具有密闭、隔绝的自然属性,是本身固有、难以消除的,会对人体生理和心理产生一些不利影响,而且生理上的不适反应与心理上的不适反应相互影响,尤其是地下空间使用中的心理问题,成为进一步开发利用地下空间、发挥其最大效能的障碍之一。

地下空间内部的环境、空气清洁度、自然光等客观因素对长期在地下空间内生活工作的人员易造成头晕、呕吐、记忆力衰退等生理影响。

7.2.2 地下空间灾害类型及防灾特性

1. 常见灾害类型

在成因上,地下空间灾害分自然灾害和人为灾害两类。

自然灾害分为气象灾害、地质灾害及生物灾害,气象灾害分为雷击、风暴、洪涝及雷暴,地质灾害分为地震、海啸、山崩、地陷、滑坡、泥石流、火山喷发等,生物灾害分为瘟疫、虫害等。

人为灾害可分为主动灾害和被动灾害,主动灾害包括战争、犯罪等引起的灾害,被动灾害包括火灾、爆炸、事故、化学泄漏、核泄漏等。

对地下空间灾害进行统计调查,结果显示:首先,在人员活动比较集中的地下商业街、地铁车站、地下步行街等各种地下设施和建筑物地下室中发生的灾害次数占地下空间灾害总数的40%,说明在这些空间中发生灾害的概率较大,应引起特别的重视。其次,火灾的次数多,约占30%,空气质量事故约占20%,两者相加约占一半,又因空气质量事故多由火灾引起,所以火灾在地下空间内部灾害中发生频次最高;其他灾害的发生次数占比一般不超过5%。最后,以缺氧和中毒为主要特征的内部空气质量恶化事故,在建筑物地下室和地下停车场等处发生的次数也较多,也属地下空间内部灾害的主要类型之一。

根据《2021中国城市地下空间发展蓝皮书》中的统计,2020年城市地下空间发生灾害与事故所造成的人员伤亡总量较2019年有较大幅度下降。施工事故导致的伤亡人数有所下降,中毒与窒息事故导致的伤亡人数有所上升,并且超过施工事故成为伤亡人数最多的类型,共造成44人死亡,33人受伤(图7-5)。2020年地下空间发生灾害与事故的类型主要为施工事故、地质灾害、火灾、水灾、中毒窒息事故以及其他事故。地质灾害与施工事故发生次数较多,分别占比24%、22%。

从统计数据看,地质灾害发生数量显著增多,多为因暴雨导致水土流失进而引发市政管线破裂、路面坍塌等;施工事故发生数量较往年则有所下降,这与城市建设施工规模总数下降有一定关联;中毒窒息事故发生次数较往年明显增多,占总数量的10%,多发生在市政管线、场站等有限空间施工过程中(图7-6)。

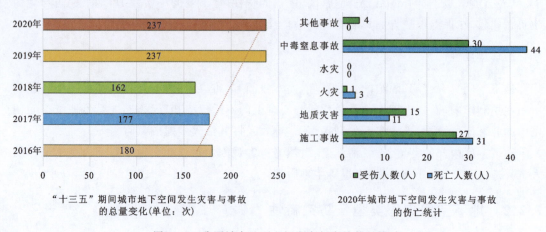

图 7-5 我国城市地下空间灾害与事故数量统计

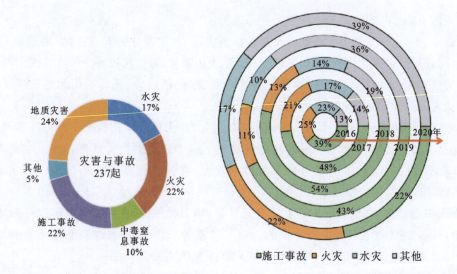

图 7-6 我国地下空间灾害与事故类型统计

2. 防灾特性

地下空间具有恒温、恒湿、绝热的自然属性，是人员躲避灾害的适宜场所，特别适合气候恶劣的情况。同时深埋于地下和密闭的自然属性，可相对隔绝外界灾害的影响，使地面空间和地下空间之间的受灾与安全相互转化。

虽然地下空间自身的特性使其具有上述优点，但是对地下空间的选址、埋深、结构设计、出入口和通风口裸露部位的处理等也对防灾安全性有非常大的影响。地下空间对灾害防御的优势和劣势见表 7-1。

表 7-1 地下空间的防灾优劣性分析

灾害	优势	劣势
地震	地震烈度降低、荷载作用减小；地下结构与土体共同运动	如果有断层，则产生位移；地下结构或周围土体较差，会产生破坏
台风、龙卷风	风荷载对全地下结构产生很小的作用	风荷载对浅埋地下结构会产生一定的破坏作用
洪水、海啸	免于涌浪和泥石流的破坏	一旦水流进入，恢复的时间较长且费用较高
外部火灾、爆炸	可以提供完全的防护	出入口部位等裸露在外部的结构是薄弱点
外部危化品腐蚀、辐射	可以提供较好的防护	需要设置合理的通风系统

3. 受灾特性

有相当大比例的研究认为，地下空间使用不安全主要是地下空间的灾害事件造成的。发生在地下空间内部的灾害多是人为灾害，具有较强的突发性及复合性。地下环境的一些特点使地下空间内部防灾问题更复杂，因防灾不当所造成的危害也就更严重。地下空间内部环境的最大特点是封闭性。除有窗的半地下室，其他地下空间一般只能通过少量出入口与外部空间取得联系，给防灾救灾带来许多困难。

总结地下空间的受灾特性，主要存在以下特点。

(1) 地下空间内部方向感差，灾害时易造成恐慌。封闭的室内空间容易使人失去方向感，特别是那些大量进入地下空间但对内部布置情况不太熟悉的人，容易迷路。在这种情况下发生灾害时，心理上的惊恐程度和行动上的混乱程度要比在地面建筑中严重得多。内部空间越大，布置越复杂，这种危险性就越大。

(2) 地下空间内部通风困难。在封闭空间中保持正常的空气质量要比有窗空间困难。进风、排风只能通过少量风口实现，在机械通风系统发生故障时很难依靠自然通风补救。此外，封闭的环境使物质不容易充分燃烧。在发生火灾后可燃物的发烟量很大，对烟的控制和排除都比较复杂，对内部人员的疏散和外部人员的进入救灾都是不利的。

(3) 地下空间内部人员疏散避难困难。地下环境的另一个特点是处于城市地面高程以下，人从室内向室外的行走方向与在地面多层建筑中人的行走方向正好相反，从地下空间到地面开敞空间的疏散和避难都要有一个垂直上行的过程，比下行更消耗体力，从而影响疏散速度。同时，自下而上的疏散路线，与内部的烟和热气流自然流动的方向一致，因而人员的疏散必须在烟和热气流的扩散速度超过步行速度的条件下完成。由于这一时间差很短暂，又难以控制，故给人员疏散造成很大困难。

(4) 地下空间易受地面滞水倒灌。这个特点使地面上的积水容易灌入地下空间，难以依靠重力自流排水，容易造成水害，其中的机电设备大部分布置在底层，更容易因水浸而损坏。除此以外，一旦地下建筑处在地下水的包围之中，还存在工程渗漏水和地下建筑物上浮的可能。

(5)地下空间妨碍无线电通信。地下结构中的钢筋网及周围的土或岩石对电磁波有一定的屏蔽作用,妨碍使用无线电通信。如果有线通信系统和无线通信用的天线在灾害初期即遭破坏,将影响内部防灾中心的指挥和通信工作。

(6)易酿成大灾。附建于地面建筑的地下室,与地面建筑上下相连,在空间上相通,这与单建式地下建筑有很大区别。因为单建式地下建筑在覆土后,内部灾害向地面上扩展和蔓延的可能性较小,而地下室则不然,一旦地下发生灾害,对上部建筑物会构成很大威胁。

7.2.3 地下空间灾害防护规划策略

以下针对地下空间中火灾、水灾、暴恐3种常见的灾害类型,从地下空间规划角度提出相应的防护策略。

1. 地下空间的火灾防护

由于机械故障、操作事故或人为纵火等,一旦在地下空间内部发生火情,地下空间固有的特性会诱发含氧量急剧下降、发烟量大、排烟排热差、火情探测和救援困难、人员疏散困难等致灾特性,造成严重的人员伤亡和经济损失。

城市地下空间防火应以预防为主,火灾救援以内部消防自救为主,可采用下列规划对策。

(1)确定地下空间分层功能布局。地下商业设施不得设置在地下3层及以下。地下文化娱乐设施不得设置在地下2层及以下。当位于地下1层时,地下文化娱乐设施的开发深度不得深于地面以下10m。具有明火的餐饮店铺应集中布置,重点防范灾害。

(2)防火防烟分区。每个防火防烟分区范围不大于2000m^2,不少于2个通向地面的出入口,其中不少于1个直接通往室外的出入口。在各防火防烟分区之间连通部分设置防火门、防火闸门等设施。即使预计疏散时间最长的分区,其疏散结束时间也须短于烟雾下降的时间。

(3)地下空间出入口布置。地下空间应布置均匀、足够通往地面的出入口。地下商业空间内任意一点到最近安全出口的距离不得超过40m。每个出入口的服务面积大致相当,出入口宽度应与最大人流强度相适应,保证快速通过能力。

(4)核定优化地下空间布局。地下空间布局应尽可能简洁、规整,每条通道的折弯处不宜超过3处,弯折角度大于90°,便于连接和辨认。连接通道力求直、短,避免不必要的高低错落和变化。

(5)照明、疏散设施等的设置。依据相关规范,设置地下空间应急照明系统、疏散指示标志系统、火灾自动报警装置、应急广播视频系统,确保灾时正常使用。

2. 地下空间的水灾内涝防护

由于受地面和地下高差的影响,地下空间容易受到洪水内涝的影响,产生洪水倒灌等危害。

城市地下空间防水灾的规划策略如下。

(1)确定城市地下空间防洪排涝设防标准。应在所在城市防洪排涝设防标准的基础上,根据城市地下空间所在地区可能遭遇的最大洪水淹没情况来确定各区段地下空间的防洪排涝设防标准。城市地下空间室外出入口的地坪高程应高于该地区最大洪水淹没标高50cm以上,确保该地区遭遇最大洪水淹没时,洪(雨)水不会从地下空间出入口灌入地下空间。

(2)布置确定城市地下空间各类室外洞孔的位置与孔底标高。城市地下空间防灾规划首先应确保地下空间所有室外出入口、洞孔不被该地区最大洪(雨)水淹没倒灌。因此,防水灾规划需确定地下空间所有室外出入口、采光窗、进排风口、排烟口的位置;根据该地下空间所在地区的最大洪(雨)水淹没标高,确定室外出入口的地坪标高和采光窗、进排风口、排烟口等洞孔的底部标高。室外出入口的地坪标高应高于该地区最大洪(雨)水淹没标高50cm以上,采光窗、进排风口、排烟口等洞孔的底部标高应高于室外出入口地坪标高50cm以上。

(3)核查地下空间通往地上建筑物的地面出入口地坪标高和防洪涝标准。城市地下空间不仅要确保通往室外的出入口、采光窗、进排风口、排烟口等不被室外洪(雨)水灌入,而且还要确保连通地上建筑的出入口不进水。因此,需要核查与其相连的地上建筑地面出入口地坪是否符合防洪排涝标准,避免因地上建筑的地面出入口进水漫流而造成地下空间水灾。

(4)城市地下空间排水设施设置。为将地下空间内部积水及时排出,尤其是及时排出室外洪(雨)水进入地下空间的积水,通常在地下空间最低处设置排水沟槽、集水井和大功率排水泵等设施。

(5)地下贮水设施设置。为确保城市地下空间不受洪涝侵害,综合解决城市丰水期洪涝和枯水期缺水问题,可在深层地下空间内建设大规模地下贮水系统,或结合地面道路、广场、运动场、公共绿地建设地下贮水调节池。

(6)地下空间防水灾保护措施。为确保水灾时地下空间出入口不进水,在出入口处安置防淹门或在出入口门洞内预留门槽,以便遭遇难以预测洪水时及时插入防水挡板。加强地下空间照明、排水泵站、电器设施等防水保护措施。

3. 地下空间的恐怖袭击防护

城市地下空间的封闭特点和地下公共空间中人员集中、疏散困难等情况,使城市中心地区的地下公共空间成为恐怖袭击的高危空间。恐怖袭击的手段有爆炸、纵火、生化或放射性袭击等。

城市地下空间应对恐怖袭击规划主要包括以下3个方面。

(1)城市地下空间监控系统规划布局。为应对恐怖袭击,城市地下空间应建立完整严密的监控系统。地下空间出入口、各防火防烟分区、各联系通道以及采光窗、排烟口、水泵房等设施均需要设置监控设施,全方位、全时段监控地下空间运行情况。每个出入口各个方向均需设置监控设施,每个防火防烟分区设置不少于2个监控设施;每条联系通道设置不少于2个监控设施,且每个折弯处均应设有监控设施。

(2)城市地下空间避难掩蔽场所布局。城市地下公共空间应在若干防火防烟分区间设置集警务、医务、维修、监控设施于一体,有一定可封闭空间容量的避难掩蔽所。避难掩蔽所应耐烟、耐火,具有独立送风管道,确保安全、可靠。当恐怖袭击发生时,避难掩蔽场所可用作地下空间内人员的临时躲避场所;当发生火灾,地下空间内人员难以全部撤离时,可作为临时避难场所。

(3)城市地下公共空间应对恐怖袭击的防护措施。为确保地下公共空间免受恐怖袭击,应加强地下公共空间入口安全检测,杜绝用于恐怖袭击的物品进入地下公共空间。在交通高峰期,实施人流预先控制措施,减少人流拥挤对安检的压力,并建立地下公共空间安全疏散机制,制定安全疏散预案。同时,将安全监控系统与地下公共空间的运行、维护、信息系统联动成一体,及时高效地应对恐怖袭击。

7.2.4 融入防灾韧性城市理论的地下空间规划策略

随着城市进一步发展,城市规划、城市设计和运行都面临着非常复杂并且越来越多的不确定性,如极端气候变化影响、城市的高机动性、快速发展及高度国际化的脆弱性、多主体的复杂性等。我们应对不确定性的传统方法就是把不确定性框定,制定相对应的预案,减小损失。在这种时代背景下,韧性城市即成为应对不确定风险的必然选择。

1. 防灾韧性城市的内涵

防灾韧性城市概念来源于"韧性城市"(resilient city)概念。韧性城市可定义为:在吸收来自未来的社会、经济、技术系统和基础设施各方面的冲击和压力下,仍能维持其基本功能、结构、系统和特征的城市。这种韧性城市在风险到来时,城市形态会自动地调整,能够对风险表现出一定的抵抗力,使城市具有很强的恢复力和转型力。韧性城市理论模型见图7-7。

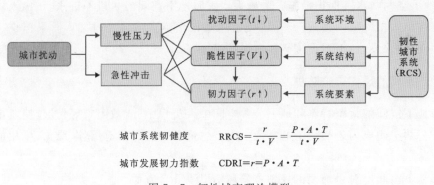

图7-7 韧性城市理论模型

在此基础上,我国学者郭小东在2016年首次提出了防灾韧性城市的概念。该概念是从城市防灾减灾的角度提出的韧性城市分支概念,将扰动分为"低风险"和"高风险"两类,认为防灾韧性城市应具备较高的灾害承载能力,强调城市系统应具备较低的易损性和高效的可恢复性(图7-8)。从理念的内涵上看,防灾韧性城市概念作为"韧性城市"概念的一个分支概念更强调防灾减灾的内容,其中"关注系统应灾全过程"的视角与韧性城市概念是一脉相承的。

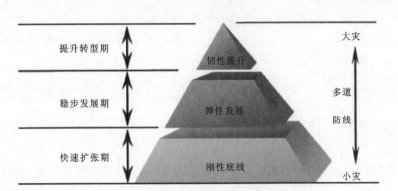

图 7-8 城市灾害应对的层次模型

2. 防灾韧性城市系统特征

1)韧性城市特征

一个城市的弹性与系统的坚持力、恢复力、转型力成正比,与外界的扰动因素和系统脆性因素成反比。因此,从总体来看,在整个韧性城市的实际建设过程中"韧性"主要体现在结构韧性、过程韧性和系统韧性3个层面。

(1)结构韧性。从结构韧性来看,我们把它区分为技术韧性、经济韧性、社会韧性和政府韧性。重点应该关注的是技术韧性,即城市生命线的韧性,它是指城市的通信、能源、供排水、交通、防洪和防疫等生命线基础设施要有足够的韧性,以应对不测风险。

(2)过程韧性。当一个城市系统面对"黑天鹅式"灾害时会经历维持、恢复和转型3个阶段,每个阶段体现一种系统自适应应对能力,即第一阶段的维持力、第二阶段的恢复力和第三阶段的转型力。

维持力,也就是这个系统自身的平衡能力,表现在当城市遇到一般的干扰灾害时,城市各方面能够维持正常运行。恢复力表现在当城市遇到较大的灾害时,某些基础设施受到破坏,城市系统部分功能暂时缺失,但却能够在短时间内得到恢复。其实每一次大的冲击、每一次风险的出现都是在为城市找出脆弱点,转型力表现在当这些脆弱点得到修复后,往往城市的各方面能力都能得到进一步提升,从而使城市更具弹性。

(3)系统韧性。城市的系统韧性即是把城市看作一个活着的有机体,它能够感知到城市中发生的变化,从而感知到城市的风险来源于何方,感知到大大小小不确定性的因素,并进行系统性的运算,对收集到的、感知到的东西进行计算,也就是使城市具有智慧,同时能够根据这些信息计算结果及时发布指令,使城市相关的机构甚至每一个细胞行动起来,共同抵御、缓冲并减小这些不确定性因素带来的影响。

每一次的感知—运算—执行—反馈的过程都是使城市对不确定性的应对积累经验的过程,从而使城市变得越来越智慧,成为一个名副其实的智慧有机体,城市的系统韧性也在这个过程中变得更加强大。

2)防灾韧性城市特征

从系统应对灾害的全过程来看,防灾韧性城市具备3个核心能力:一是灾害发生前对扰动带来的影响的防御力;二是灾害发生时在不利的环境中的适应力;三是灾害发生后具有的高效的恢复力。防灾韧性城市的特征如下。

(1)在灾害发生前为减小灾害或突发事件影响,应表现出整体性、反思性、稳定性和包容性特征,以增强系统的防御能力。

(2)在灾害或突发事件发生过程中应表现出整体性、冗余性、机敏性和灵活性特征,以增强系统的适应能力。

(3)在灾害或突发事件发生后应表现出整体性、机敏性、主体性和自治性特征,以增强系统高效恢复的能力。

其中,整体性特征在灾前、灾中、灾后阶段均有体现,该特征强调将大系统中各子系统之间关系整合协调,促进系统的动态平衡,是在系统层面应展现出的基础性特征。

3. 基于防灾韧性城市理论的地下空间规划策略

1)地下空间总体规划的布局目标

城市防灾韧性更多的是一种"过程描述"而非"状态描述"。因此,地下空间总体规划布局的目标应与防灾韧性城市的内涵一致,即着眼于应灾的全过程,利用地下空间系统促进城市在低风险扰动下完全恢复到原有运转水平,在高风险扰动下能够维持基本运转的同时具有较强的修复力。

2)地下空间总体规划的布局原则

地下空间系统在空间布局上应该遵循的原则如下。

(1)防御性原则。防灾韧性城市的核心能力之一就是减小扰动影响的能力。因此,地下空间的布局应具备提升城市防御力的作用,是布局的基础原则。该原则指导地下空间系统在总体规划的层面着眼全局,与地上总体规划及各个专项规划相互协调,提高地上空间与地下空间各系统关系的稳定性和协作能力,以促进城市系统在各类风险来临前具备一定的防御力。

(2)适应性原则。防灾韧性城市的核心能力之二就是对扰动的适应力。因此,地下空间的布局应具备加强城市适应、吸收各类扰动的作用,是布局的重要原则。该原则指导地下空间系统在城市中具有高覆盖率和高可达性,在灾害来临时发挥高效避险和物资运输的作用,以促进城市系统在各类风险来临时具备适应灾害和吸收灾害的能力。

(3)恢复性原则。防灾韧性城市的核心能力之三就是从扰动中高效恢复的能力。因此,地下空间的布局应具备促进城市从扰动中恢复的作用,是布局的关键原则。该原则可在灾后重建时指导地下空间系统各功能的多样化的使用,实现单一的空间满足多种需求,以提升城市系统在灾后的恢复力。

3)地下空间总体布局的表现特征

基于上述布局原则分析可知,在灾前防御阶段,地下空间系统应表现出整体性、反思性、稳定性和包容性特征;在灾中适应阶段,地下空间系统应表现出整体性、机敏性和冗余性特征;在灾后恢复阶段,地下空间系统应表现出整体性和灵活性特征(图7-9)。

在城市不断追求经济增长的过程中,现有的发展范式、不断增加的致灾因子暴露性、快速城市化以及能源和自然资本的过度消耗,导致"黑天鹅"事件频频发生。在应对灾害的过程中,要跳出传统的侧重于从物理层面提升承灾体抗灾能力的思维定式,用系统、科学的理论,从整体角度(要素、功能和相互关系)出发,采取刚性和柔性相结合的措施来提升城市的灾害应对能力。这就要求我们从城市可持续发展的理念出发,既要弥补城市防灾减灾能力的短板,构筑城市安全的刚性底线,又要采取多样化、灵活性的策略,来适应城市各类承灾体在不同层面的防灾目标,最终为构建适灾型的智慧城市,走出一条适合我国国情和民情的地下空间灾害应对之路。

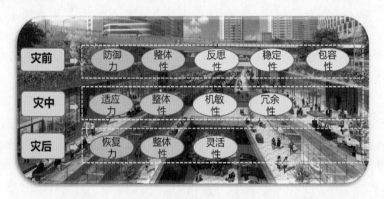

图7-9 地下空间总体规划布局应体现的防灾韧性特征

8 课程设计教学改革与实践探索

高等工程教育以培养现代工程师为主要目的,注重学生解决复杂工程问题的知识、能力、素养等多维度培养目标的达成,课程设计作为专业教学体系中承上启下的实践教学环节,对培养学生分析和解决工程实际问题的能力具有重要的作用。"城市地下空间规划及设计"是土木大类、城市地下空间工程专业的核心专业课程,目前许多高校结合人才培养需求和产业发展特点,针对该课程增设了理论教学环节,但与之匹配的实践教学环节配置仍不足。加之,受所需要的背景基础知识门类多、成果编制所需的手段技术性强、教师参与规划实践经验不足等限制,课程设计的选题布置及教学实施难度较大。尤其是工程教育专业认证、新工科、课程思政等一系列教育理念模式的提出,给课程设计的教学实践更是提出了不少的挑战。因此,必须有针对性地开展课程设计的教学改革及实践探索,以适应新时代工程人才培养的目标需求。

8.1 工程教育认证大背景下课程设计改革

8.1.1 工程教育认证的提出及理念

1. 工程教育认证的提出

作为高等教育体系的重要组成部分,工程教育在助力我国经济转型发展、推动产业迭代升级以及赋能技术创新的过程中发挥着不可取代的作用,承载着为中华民族伟大复兴培养大批具备复杂工程问题解决能力的卓越工程师的历史使命。经过多年的发展,我国已成为名副其实的世界工程教育大国,已经形成规模充足、层次完备、结构合理、学科齐全的工程教育体系,能够基本满足工业经济快速发展对工程人才数量的需求。

工程教育专业认证作为一项在国际上受到广泛认可的工程教育质量保障制度,直指我国工程教育改革中所涉及的理念、标准、模式、评价等核心要素,是提升工程教育办学质量、加强与行业产业深度协同的有效工具和手段。

经过多年的理论探索与实践积累,我国已建立起具有国际实质等效的工程教育专业认证制度体系,并于2013年成为《华盛顿协议》临时签约组织,在工程教育国际化方面取得实质性进展。2015年,中国工程教育专业认证协会(China Engineering Education Accreditation Association,CEEAA)正式成立。2016年,中国科学技术协会代表我国正式成为国际本科工程学位互认协议——《华盛顿协议》的正式成员,标志我国工程教育认证体系实现国际实质等效。

为加速工程教育改革创新,培养大批创新型卓越工程科技人才,教育部办公厅又于2017年发布《教育部办公厅关于推荐新工科研究与实践项目的通知》,正式启动新工科建设计划。在此之后,工程教育专业认证以提质增效为改革的主要目标。工程教育认证制度建设也在不断地立足国际前沿,面向本国实际需求,坚持以立德树人为价值引领,不断丰富认证标准体系的指标内涵与本土特色,在对接国际标准与彰显本国特色之间保持适度平衡。

2. 工程教育认证的理念内涵

工程教育专业认证的3个核心理念是以学生为中心、结果-产出导向、持续改进。

(1)以学生为中心强调认证标准的设置应考虑学生的表现以及学生在毕业时所能获得的素质能力、毕业后一段时间的职业能力。其培养目标设置、课程体系安排、师资队伍建设都应当充分考虑学生毕业要求,培养方案也要有助于学生的能力培养。

(2)结果-产出导向(outcome – based education,OBE)是工程教育专业认证的价值指向和最终归宿,指工程教育专业认证应当围绕"教育产出"(学生学到什么)而非"教育输入"(教师教什么),其中培养目标是对从认证专业毕业的学生在毕业后5年左右能实现的职业能力或者专业成就的总体概括,而毕业要求则是对学生毕业时所掌握的知识能力素养的详细描述。这就要求课程体系能够对毕业要求形成支撑,课程教学能对毕业要求实现支撑,考核评价能证明支撑关系。

(3)持续改进(plan – do – check – action,PDCA)主要是指借助多元化的质量保障措施和制度在工程专业教育教学的各个环节匹配明确的质量控制机制以及监督检查措施,并将发现的问题进行及时反馈和改进。

3. 工程教育认证对毕业生的要求

作为工程教育认证标准的"基准",国际工程联盟发布的《毕业生要求和职业能力框架》(2021年版)对本科毕业生提出了明确的质量要求,是包括《华盛顿协议》在内各互认协议成员组织制定认证标准的框架和参考,包括:①培养目标要求——能够解决复杂工程问题;②毕业要求——具备解决复杂工程问题的素质与能力(表8-1);③知识和态度要求——面向工程的广泛与前沿(表8-2)。

表8-1 《华盛顿协议》对毕业生的11项毕业要求与我国工程教育认证标准12项毕业要求的对比

序号	《华盛顿协议》毕业要求(2021年版)	工程教育认证标准(2022年版)
1	WA1 工程知识: 运用数学、自然科学、计算和工程基础知识以及WK1至WK4中规定的工程专业知识,制定复杂工程问题的解决方案	1. 工程知识: 能够将数学、自然科学、工程基础和专业知识用于解决复杂工程问题

续表 8-1

序号	《华盛顿协议》毕业要求（2021 年版）	工程教育认证标准（2022 年版）
2	WA2 问题分析： 利用数学、自然科学和工程科学的第一原理，识别、制定、研究并分析复杂的工程问题，得出有根据的结论，对可持续发展进行整体考虑（WK1 至 WK4）	2.问题分析： 能够应用数学、自然科学和工程科学的基本原理，识别、表达并通过文献研究分析复杂工程问题，以获得有效结论
3	WA3 设计/开发解决方案： 为复杂工程问题设计创造性的解决方案，并设计系统、部件或流程，以满足确定的需求，同时适当考虑公共健康和安全、整个生命周期的成本、净零碳以及资源、文化、社会和环境因素（WK5）	3.设计/开发解决方案： 能够设计针对复杂工程问题的解决方案，设计满足特定需求的系统、单元（部件）或工艺流程，并能够在设计环节中体现创新意识，考虑社会、健康、安全、法律、文化以及环境等因素
4	WA4 研究： 使用研究方法对复杂的工程问题和系统进行研究，包括基于研究的知识、设计实验、分析和解释数据及综合信息，以提供有效结论（WK8）	4.研究： 能够基于科学原理并采用科学方法对复杂工程问题进行研究，包括设计实验、分析与解释数据并通过信息综合得到合理有效的结论
5	WA5 工具的使用： 选择、应用适当的技术、资源，以及现代工程与信息技术工具，包括预测和建模，认识其局限性，以解决复杂的工程问题（WK2 和 WK6）	5.使用现代工具： 能够针对复杂工程问题，开发、选择与使用恰当的技术、资源、现代工程和信息技术工具，包括对复杂工程问题的预测与模拟，并能够理解其局限性
6	WA6 工程师与世界： 分析和评估可持续发展的成果，社会、经济、可持续性、健康与安全、法律与环境在解决复杂工程问题中的影响（WK1、WK5、WK7）	6.工程与社会： 能够基于工程相关背景知识进行合理分析，评价专业工程实践和复杂工程问题解决方案对社会、健康、安全、法律以及文化的影响，并理解方案应承担的责任
7		7.环境和可持续发展： 能够理解和评价针对复杂工程问题的工程实践对环境、社会可持续发展的影响
8	WA7 伦理： 运用伦理原则，致力于职业伦理工程实践和规范，并遵守相关的国家和国际法律，表现出理解多元化和包容性的必要性（WK9）	8.职业规范： 具有人文社会科学素养、社会责任感，能够在工程实践中理解并遵守工程职业道德和规范，履行责任
9	WA8 个人和协作的团队： 多元化和包容性的团队中，以及多学科、远程和分布式的环境中，作为个人、成员或领导有效地发挥作用（WK9）	9.个人和团队： 能够在多学科背景下的团队中承担个体、团队成员以及负责人的职责

续表 8-1

序号	《华盛顿协议》毕业要求(2021年版)	工程教育认证标准(2022年版)
10	WA9 沟通： 在复杂的工程活动中与工程界和整个社会进行有效和包容的沟通，包括撰写和理解有效的报告和设计文件，并进行有效的介绍；考虑文化、语言和学习差异	10.沟通： 能够就复杂工程问题与业界同行及社会公众进行有效沟通和交流，包括撰写报告和设计文稿、陈述发言、清晰表达或回应指令；并具备一定的国际视野，能够在跨文化背景下进行沟通和交流
11	WA10 项目管理与财务： 认识和理解工程管理原则与经济决策，并将其应用于工作中，作为团队成员和管理者，在多学科交叉环境下管理项目	11.项目管理： 理解并掌握工程管理原理与经济决策方法，并能在多学科环境中应用
12	WA11 持续终身学习： 认识到需要并有准备和能力从事：①独立和终身学习；②适应新技术和新兴技术；③在最广泛的技术变革背景下进行批判性思考(WK8)	12.终身学习： 具有自主学习和终身学习的意识，有不断学习和适应发展的能力

表 8-2 《华盛顿协议》对毕业生的 9 项知识和态度要求

序号	知识和态度
1	WK1:对适用于本学科的自然科学进行系统的、以理论为基础的理解，并对相关的社会科学有认识
2	WK2:基于概念的数学、数字分析和数据分析、统计以及计算机和信息科学的形式方面，以支持适用于本学科的具体研究和建模
3	WK3:系统的、基于理论的工程学科所需的工程基础知识的表述
4	WK4:工程专业知识，为工程学科中公认的实践领域提供理论框架和知识体系；很多内容处于学科前沿
5	WK5:包括有效利用资源、最小化废物和环境影响、整个生命周期成本、资源再利用、净零碳和类似概念的知识，支持实践领域的工程设计和操作
6	WK6:某工程学科的实践领域的工程实践(技术)的知识
7	WK7:工程在社会中的作用以及在工程实践中发现的问题，诸如工程师对公共安全和可持续发展的职业责任
8	WK8:参与本学科当前研究文献中的具体知识；认识到批判性思维和创造性方法的力量，以评估新问题
9	WK9:伦理态度，包容的行为。了解对职业伦理、责任和工程实践规范的承诺；积极意识到因种族、性别、年龄、身体能力等而产生的多元化，并相互理解和尊重，以及持包容的态度

8.1.2 新工科教育理念及实施路径

1. 新工科教育理念的提出

当今世界正经历百年未有之大变局,新一轮科技革命和产业变革加速演进,不断涌现的新技术、新业态、新模式对高等教育提出了更高要求。近几年随着全球经济发展局势的不断变化,全球产业链、价值链和供应链受到巨大影响,实体经济受到前所未有的冲击。产业界依托 5G、大数据、人工智能等"新基建"的落地,加速向数字化、智能化方向转型。这既催生了一批数字经济、生命健康、新材料等战略性新兴产业和未来产业,同时又带动了传统产业的改造升级。

当前,产业发展与高校创新人才培养"滞后"的矛盾愈加凸显,大变革时代呼唤创新人才培养供给侧结构性改革。教育系统必须有识变之智、应变之方、求变之勇,主动作为,及时响应经济社会快速发展对创新人才培养的新需求。因此,创新人才的特质也相应有一些变化,跨学科思维能力、跨界整合能力、全球胜任力等成为创新人才培养的核心素养。面向新一轮科技革命和产业变革,世界上很多一流大学也都在推动创新人才培养改革。

2017 年 2 月 18 日,教育部在复旦大学召开高等工程教育发展战略研讨会,与会高校对新时期工程人才培养进行了讨论,探讨了新工科的内涵特征、新工科建设与发展的路径选择,并达成了会议共识(简称"复旦共识")。

2017 年 4 月 8 日,教育部在天津大学召开新工科建设研讨会,60 余所高校共商新工科建设的愿景与行动,在研讨的基础上公布《新工科建设行动路线》(简称"天大行动"),推动培养新型工程创新人才和领军者的新工科建设,积极探寻新工业革命时代的工程教育新范式。

2017 年 6 月 9 日,教育部在北京召开新工科研究与实践专家组成立暨第一次工作会议,全面启动、系统部署新工科建设。30 余位来自高校、企业和研究机构的专家深入研讨新工业革命带来的时代新机遇、聚焦国家新需求、谋划工程教育新发展,审议通过了《新工科研究与实践项目指南》(简称"北京指南"),提出新工科建设指导意见。

随后,教育部分别于 2018 年 3 月和 2020 年 10 月公布认定了 612 个和 845 个新工科研究与实践项目,标志着我国高校新工科建设步入全面实施阶段。

当前,我国已经开启全面建设社会主义现代化国家新征程、向第二个百年奋斗目标进军的新发展阶段。2021 年 9 月中央人才工作会议的召开,擘画了新时代人才工作的宏伟蓝图,开启了高等工程教育高质量发展的新征程。站在建设工程教育强国的新起点,新工科建设的内涵和机制需要不断深化和拓展。

2. 新工科人才培养的理念

新工科建设对于培养卓越工程师,形成具有中国特色、世界水平的工程教育体系具有重大意义。新工科的内涵概括为"五个新",即"工程教育的新理念、学科专业的新结构、人才培养的新模式、教育教学的新质量、分类发展的新体系"。

钟登华院士从人才培养的角度提出新工科的内涵:以立德树人为引领,以应对变化、塑造未来为建设理念,以继承与创新、交叉与融合、协调与共享为主要途径,培养未来多元化、创新型卓越工程人才。新工科建设可以从人才培养的理念、要求和途径3个方面来寻求突破。

(1)新的工程教育理念。理念是行动的先导,是发展方向和发展思路的集中体现,新工科建设应以理念的率先变革带动工程教育的创新发展。

创新是引领发展的第一动力,创新的根本挑战在于探索不断变化的未知。新工科需积极应对变化,引领创新,探索不断变化背景下的工程教育新理念、新结构、新模式、新质量、新体系,培养能够适应时代和未来变化的卓越工程人才。

新工科强调主动塑造世界。工程教育直接把科学、技术同产业发展联系在了一起,工程人才和工程科技成为改变世界的重要力量。因此,新工科应走出"适应社会"的观念局限,主动肩负起造福人类、塑造未来的使命责任,成为推动经济社会发展的革命性力量。

(2)新的人才培养要求。首先,人才结构要新。工程人才培养结构要求多元化。一方面,当前我国产业发展不平衡,工程人才需求复杂多样,必须健全与全产业链对接的从研发、设计、生产、销售到管理、服务的多元化人才培养结构;另一方面,从工程教育自身来讲,应根据对未来工程人才的素质能力要求,重新确定专、本、硕、博各层次的培养目标和培养规模,进而建立起以人口变化需求为导向、以产业调整为依据的工程教育转型升级供给机制。

其次,人才质量标准新。工程人才培养质量要求面向未来,未来的工程人才培养标准强调以下核心素养:家国情怀、创新创业、跨学科交叉融合、批判性思维、全球视野、自主终身学习、沟通与协商、工程领导力、环境和可持续发展、数字素养。

(3)新的工程教育途径。新工科反映了未来工程教育的形态,是与时俱进的创新型工程教育方案,需要新的建设途径,主要有如下体现。①继承与创新,通过人才培养理念的升华、体制机制的改革以及培养模式的创新应对现代社会的快速变化和未来不确定的变革挑战;②交叉与融合,既是工程创新人才培养的着力点,又是重大工程科技创新的突破点;③协调与共享,以协调推动新工科专业结构调整和人才培养质量提升。

8.1.3 工程教育认证和新工科背景下的课程设计改革

1. 木课程设计实施的难点问题探讨

"城市地下空间规划及设计"作为一门综合性非常强的课程,在其对应的课程设计的实践教学展开中具有如下特点和难点。

(1)地下空间规划内容涉及面宽广。城市地下空间无论是在总体规划阶段、详细控制性规划阶段还是专项规划阶段,规划的内容不仅有宏观层面的空间资源评估、空间需求分析、空间的平面及竖向布局等,也涵盖了动静态交通(轨道交通、停车库、地下公路等)、市政公用设施(地下场站、综合管廊)、商业设施(地下商业街、综合体等)、防灾设施(人民防空、地下减避灾所)等各种不同的功能类型设施的选址、规划及空间布局,甚至还包括一些重要建筑节点的结构参数设计及其与周边场地环境的衔接等。普通高校本科生无法以现有的专业水平在短短1~2周时间内,独立完成覆盖面如此庞大的规划设计。因此,在选题布置上需要结合学生学业特点和能力水平,采用模块化方式开展选题设计,即将学生有能力完成且时间精力允许的任务模块适当组合,形成一个完整的选题。

(2)地下空间规划所需的基础资料繁杂。城市地下空间规划一定是以城市总体规划为蓝本展开,在规划过程中需要考虑社会、经济、人口、就业、用地布局、产业发展等方面的繁杂的基础数据;另外,在具体的资源评估、建筑设计中还要考虑地理、地质、气象水文、地下水、现有空间资源、生态环境保护等众多领域的专业性数据、矢量化底图、报告资料。上述数据信息类型多、数据量大,部分仍属于涉密数据,普通高校教师和大学生无法全面地获得上述资料,这给开展课程设计带来难度。

(3)地下空间规划成果展示的手段技术性强。地下空间规划成果一般由文字报告和图件两部分构成。在调研分析、成果编写的过程中需要学生掌握较强的数据处理、图件绘制、文字编辑能力,并能够借助相关专业软件及工具助力成果编制,如使用Excel、Matlab、Photoshop、CAD、ArcGIS、BIM、CorelDraw等工程工具。要求大二或者大三学年学生,熟练掌握和运用上述软件工具仍不太现实。

(4)课程设计实践环节全过程考核机制的缺乏。课程设计是实践教学,属于独立教学环节,区别于课堂教学的最大特点就是全过程把控的缺失。教师往往只在课程设计任务书布置、中间答疑阶段与学生面对面交流,其余时间只能通过课程群或者其他网络方式解答学生问题。这种情况造成了教师对每个学生具体投入精力情况、工作态度、团队合作及是否存在抄袭等过程化情况无法做到全方位把握。因此,也造成最后成绩的评定更多地参考最终课程设计报告的完成情况,而对其过程考核的体现不足,评定成果也无法全面反映学生在整个课程设计阶段的工作态度和学习状况。

因此,围绕上述问题,有必要在工程教育认证和新工科背景下开展课程设计教学环节的综合改革实践,结合专业定位和行业需求确定课程设计目标,完善优化课程设计选题,提升课程设计的高阶性,突出课程设计的创新性,增加课程设计的挑战度,建立持续改进机制,强化实践教学在辅助理论教学方面的基础性地位,以适应工程教育认证与行业发展需求。

我校土木工程专业于2012年新开设了"城市地下空间规划及利用"(课程代码:20544400)课程,作为专业主干课(地下建筑方向)和专业选修课(岩土、建筑方向等),学时从32~40学时不等,教学安排在第5或第6学期(大三学年)开展。2017年我校成功申报城市地下空间工程专业,按一个教学班招生,"城市地下空间规划及利用"作为核心专业课,按48学时进行授课,并安排独立的课程设计环节,学时为2周。为了进一步提升人才培养质量,加强实践教学环节在人才培养中的作用,在2019年培养方案调整中,我校对"城市地下空间规划及利用"课程增设了相应的课程设计环节(课程代码:40544700),并实现了土木工程、城市地下空间工程专业教学的全覆盖。经过3轮次教学实践,我校积累了一些经验,探索了一些较好的做法,取得了良好的教学效果,现整理供兄弟院校教师参考。

2. 课程设计目标重构和选题的设计

(1)课程目标建设。在准确把握我校学科和专业定位、土木工程双一流建设规划、工程教育认证标准和行业人才需求的基础上,立足于课程设计在理论教学与毕业设计环节承上启下的衔接地位,按照理论教学与实践教学相互关联又相对独立的原则,反向设计、正向实施,更新教学目标设计,完善课程设计教学大纲。尤其是对课程目标达成度支撑矩阵,毕业所要求的知识、能力、素养训练的覆盖度,创新与行业发展需求的契合度等方面进行了详细设计(具体可参考第1章相关内容)。

(2)课程设计选题模块化设计。在选题方面,课程组教师以"课程设计选题科学、难度和工作量适中、资料和数据可获取、学生有创新发挥空间"为基本原则,综合考虑"地下空间规划及利用"课程教学内容、学生的学情特点、本学年课程教学安排、与其他专业课衔接等因素。

在具体选题设计时,按照模块化的方式进行知识点的组合,并依托学生熟悉的工程案例/规划背景进行抽象化的设计,通过近3年的教学实践,达到了预期教学效果。例如,"城市轨道交通规划及设计"是城市地下空间中的重要组成部分,开展与之匹配的课程设计对理解并运用相关城市轨道交通知识意义重大,但这是一个复杂的系统工程,包括选线设计、线路设计、车站建筑、结构设计等不同专业门类,学生无法独立开展工作。因此,我们在选题设计上对相关内容进行了取舍,选择学生能通过独立或团队合作、查阅相关文献、查阅和参考"地铁设计规范"、调查和调研现有工程案例等方式来完成的任务小模块,最终进行课程设计任务书及工作内容的编制。图8-1即为2021年秋"城市轨道交通线路及站点规划设计"选题模块化设计图。

图8-1 课程设计模块化选题典型案例图

目前,我校地下空间规划课程设计已开展几轮实践,教师也在选题上做出了不同的尝试,选题方向每年都不相同(表8-3),但均结合学生熟悉的背景条件来展开选题设计,如地大校园、地大隧道、鲁磨路等。在此背景下,一方面学生对规划设计的背景条件十分熟悉,为开展相关现场人车流调查、用地调查、周边环境调查等提供了便利。另一方面,学生对"身边题目身边做"的设计方式本能上有种亲近感,在展开课程设计时普遍积极性高、投入热情高,完成的课程设计质量也非常好。

表 8-3 我校课程设计选题

序号	学年	课程设计选题	支撑教学知识点
1	2021年春	地大东区校园地下停车场规划设计	地下停车库规划
2	2021年秋	城市轨道交通线路及站点规划设计	城市轨道交通规划
3	2022年秋	地大隧道火灾烟气分析及师生疏散设计	地下空间环境及灾害控制

3. 信息化手段助力实践教学

(1) 课程设计线上线下混合式教学的实现。随着教学技术的发展，线上线下混合式教学模式得到广泛应用。它可以把传统面对面教学和网络 E-learning 两者优势相结合，借助互动性强的网络学习平台，构建大量在线学习视频，供学生自主学习，同时通过面对面的课堂互动讨论，为学生答疑解惑，培养学生的综合能力。尤其在线下学习较困难阶段，我校的超星学习通教学平台、课程 QQ 群等顺利保障了课程设计实践环节的实施。

在课程设计前期，通过超星学习通教学平台与理论课同步发布课程设计任务，给学生预留了充足的时间完成设计任务。在前期理论教学中，学生也可针对课程设计覆盖的章节和内容有针对性地加强知识点学习，并有目的性地阅读和熟悉相关规范条文的说明。通过这种方式，原教学计划的时间(1周)实现了延长，学生有了更为充裕的时间开展前期资料的收集整理及方案整体设计工作，对保障课程设计顺利完成起到积极的作用。

在课程设计中，针对学生对之前学过的内容有所遗忘的情况，教师可借由超星学习通教学平台的资料上传功能，在平台上传相关的学习资料，供学生查阅。每一个课程设计任务点所需上传的资料包括但不仅限于《城市地下空间规划标准》(GB/T 5B58—2019)、《地铁设计规范》(GB/T 50157—2013)、《地铁设计防火标准》(GB 51298—2018)以及课程设计任务书、重要的工程案例及项目报告等内容。这种方式使学生能在线上对资料内容随时查阅、熟练掌握。

针对课程设计过程中教师与学生沟通不足的问题，教师可根据自身的教学经验，将学生在设计中常遇到的问题，在超星学习通平台以讨论的方式发布给全体学生，尤其是在课程设计前期对学生强调一些规划原则方面的方向性问题，避免学生在设计中走弯路；同时鼓励学生将自己所遇到的疑问发布在平台上，由其他同学尝试解答，激发学生的学习热情。超星学习通教学平台具备的互动功能方便教师与加入课程的学生进行沟通，使教师能随时掌握每个学生的课程设计进度，并针对每个学生的情况进行指导。

(2) 专业软件在课程设计中的应用。"使用现代工具解决复杂工程问题"是工程教育认证12个核心毕业点之一，也是培养学生动手及创新能力的重要途径。城市地下空间规划技术性和专业性强，将专业工程软件引入课程设计中不仅可以提升课程设计的趣味性，也可使学生掌握更多的专业技能，为后续毕业论文和毕业设计提供支撑。指导教师也应在完成教学工作的同时，积极了解和掌握国土空间规划、地下建筑设计等行业领域目前的发展现状和技术特征，以便有针对性地调整、优化教学内容和实践选题工作，提升专业人才培养质量。

例如，在2022年秋季的课程设计环节，团队教师引入"PyroSim+Pathfinder"组合软件用于地大隧道火灾烟气分析及师生疏散设计。前期,教师积极联系软件代理商并让他们为学生开展培训,同时从软件官网下载了大量资料,如用户手册、案例说明及视频学习资料,在课程群里分享。在前期准备工作完成后,学生按照现场调查—模型建立—工况设计—数据分析—提出措施的步骤顺序,完成一个设计流程,并在实施过程中锻炼实践能力和创新能力。图8-2是学生课程设计中的部分代表性成果图件。

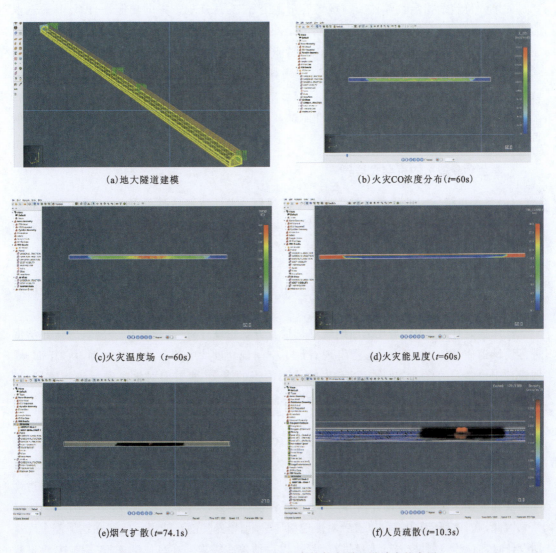

图8-2 "PyroSim+Pathfinder"组合软件在课程设计中的应用

4. 过程性评价考核的实现

教师应根据课程设计的特点和培养目标达成度进行分阶段过程考核,引导学生注重平时学习和设计内容的有效训练。成绩评定采用形成评价与成果评价相结合的考核方式,形成评价占总考核分数的40%,成果评价占60%。课程设计成绩评定方式见前文表1-6。

形成评价主要侧重指导过程考核,涵盖线上和线下两个模式。线下评定在课程设计安排的答疑教室进行,对每位学生的知识单元讨论、答疑辅导过程进行记录;线上评定借助学校教务处综合教学平台——学习通来展开,通过网页版或者APP软件中的相关模块,实现互动讨论与答疑,并按照设计进度提交阶段性成果,平台均能自动记录所有过程,阶段性给出形成评价成绩。

成果评价包括指导教师评阅与现场答辩两个环节,从规划方案的功能性、设计参数选取的正确性、设计方案的合理性与创新性、图纸质量和说明书撰写水平及规范性、成果表达的完整性、回答问题的准确性等方面进行知识、能力、素养等方面的考核。

形成评价与成果评价相结合的全过程考核方式,注重成绩评定对学生的督促与引导。通过制定全过程考核实施细则,明确考核的形式、内容和要求,考核时间进度,评分标准与比例,建立了科学、可操作的课程设计评价体系,以实现多维度的考核评价,便于全面检验课程目标达成度。

5. 学生创新能力的引导式培养

(1)系统思维能力的培养。城市地下空间规划及设计特别强调和重视"从系统全局观点出发",即地下空间规划一定要与城市规划保持一致,要综合考虑地面用地规划布局、地面环境条件、已有地下空间利用现状及地质环境保护等约束条件。在课程设计过程中,离不开"从系统的观点出发"这一思维,以体现规划设计考虑社会、健康、安全、法律、文化以及环境等因素及可持续发展思想,这也是凸显工程教育认证中"7.环境和可持续发展"环节的核心要义。

在课程设计过程中,尤其是前期规划选址及方案总设计阶段,要利用全局观念指导学生进行设计工作,要有意识地借鉴参考现有地下空间规划设计中的典型素材案例,从"正面-规划设计中可学习的优点"以及"反面-失败或不恰当的案例"两方面对学生进行头脑风暴,拓展学生的思维,培养学生的系统设计和全局思维。

(2)创新创造能力引导式培养。"城市地下空间规划及设计"课程设计内容既包含了传统课程设计中要求的结构节点设计,还必须辅以文献调研、数据分析计算等多方面的背景现状调查等内容。课程设计的流程也从传统土木结构类的"设计计算+CAD制图"模式扩展为"现场调研+数据分析+方案制定+设计计算+成果展示"五位一体的课程设计思路,充分拓展和充实了传统课程设计内容,体现了课程设计实践性环节的综合性。

因此,在许多环节中都可以有针对性地引导学生,培养其创新能力。比如在地下停车库规划设计时,前期需要对校内车流量进行调研,以评估停车需求。在具体的实践安排中,将班级分为不同小组,各小组各显神通,通过编制表格统计车流量、在上下班不同时段开展校内车流调查、查看停车指标等方式进行车位量估算,对东区校园停车需求进行评估(图8-3)。通过这些引导式的训练,一方面巩固和培养学生的专业基础知识,丰富和加深他们对停车供求关系预测知识点的理解;另一方面提高了学生的团队协作能力,对后续课程的学习以及学生适应日后工作都大有裨益,符合当代高等工程教育所提出的培养具有创新精神和综合素质能力人才的要求。

8 课程设计教学改革与实践探索

一、规划区现状及停车需求预测

1. 停车现状及分析

表1：东区停车现状表

地点	实际车辆总数目/辆	已有车位车辆/辆	未有车位车辆/辆	车位总数/个	户数	车位缺额/个
桥东路	78	40	38	40	0	38
桂园路	40	15	25	15	0	25
眷属楼11/12/13/22/23/24/25栋	44	30	14	30	314	14
眷属楼36-40 41 43/51/52栋、东区超市、集贸市场	73	50	23	50	440	23
研8楼、东三路	29	6	23	6	0	23
二峡中心、国际教育学院	43	25	18	25	0	18
东苑博士公寓红车楼	21	7	14	7	0	14
信息工程学院	15	5	10	5	0	10
台林南路	22	6	16	6	0	16
怡宾楼、悦宾楼、惠宾楼、展旦园	33	16	17	16	0	17
东苑食堂	12	8	4	8	0	4
迎宾楼旁小区	111	80	31	80	320	31
C栋旁停车场	53	53	0	55	0	-2
C栋停车场至南门	28	28	0	27	0	1
医院急诊旁	4	0	4	0	0	4
医院路边	14	13	1	13	0	1
医院前	14	14	0	16	0	-2
医院门口	11	9	2	13	0	-2
医院旁住宅区	20	4	16	4	180	12
市棚塘北侧住宅区	0	0	22	0	144	22
垂柳堆北侧小路	19	0	19	0	0	19
Go购超市前	6	0	6	0	0	6
东区食堂前	95	56	39	65	0	30
东区菜鸟驿站	28	16	12	18	0	10
青年公寓	16	0	16	0	80	16
眷属楼4-9栋	64	11	53	11	210	53
老у人活动中心北	60	10	50	15	0	50
青年公寓2	21	0	21	0	98	21
天桥东侧	37	30	7	33	0	7
游泳馆周边	22	22	0	84	0	-62
C栋地下停车场	147	147	0	159	0	-12

(a) 第1小组现场调查记录表

2.2 停车现状及分析

当前东区停车现状为车位严重不足，大部分车辆随意停放，即停在路旁或未划停车位的空地，眷属楼区域很多车辆甚至直接停在住宅楼下。所以应针对主要生活区（眷属楼）设计建造一个地下停车场。

中国地质大学（武汉）东区停车现状

地点	车位数/个	停车数/辆	地点	车位数/个	停车数/辆
行政楼前	50	29	石林东路路边		77
行政楼到A座道路两侧		40	迎宾楼后面眷属楼	34+40	120
A座前停车场	18	18	实验室旁边停车场	20	14
行政楼侧面（靠近叠鹭路）	7	9	迎宾楼周边		37
行政楼后面停车场	115	89	桂园路加幼儿园		61
档案馆前		8	东苑周边眷属楼		64
珠宝学院前		3	国际学院周边		40
C座前	38	28	岩石力学实验室周边		24
C座后停车场	56	56	眷属楼40栋周边		90
地大社区前后		25+27	老年活动中心周边		26
石林西路路边		49	社区加食堂	25	40
天桥下学友超市前	14	34	食堂停车场	60	58
游泳馆周边	9+11+61	7+5+5+30	眷属楼23-25栋		48
校医院周边	38	52	东区菜鸟驿站周边眷属楼	20	112
校医院往里眷属楼		49	总计	616	1374

(b) 第3小组现场调查记录表

图8-3 东区校园停车需求调查统计表示例（来源于2021年选题）

（3）尊重规划设计方案的多样性。城市地下空间规划设计不同于结构和力学设计，没有明确的荷载模式和受力计算公式，更没有明确的数据答案，事实上只要是满足功能和结构需求的设计方案就是可接受的方案。任何一个设计目标、任何一种功能实现，都不会只有单一的规划方案，即具有多样性的特点。

在以往课程设计中不少学生往往担心出错，影响最终评定成绩，会有意识地更多参考既有工程案例的设计方案，反而禁锢了其思维方式，造成思维局限、不开阔、创新性差的后果，最后提交的课程设计往往千篇一律，创新不够。因此，教师要让学生明白课程设计没有标准答案，做到有理有据即可，方案本身并无对错之分，更不需要与模板或者参考资料的设计方案保持一致。这样的引导方式可使学生在具体操作时，不会太在意操作方式是否影响考核成绩，而更多地会从方案本身考虑，这样就回归到了课程设计的初心和本意。指导教师不仅要强调设计方案多样性的可贵，也要指导学生通过文献查阅、案例分析或现场调研等方式，理解规划方案的多样性与其对应的局限性，并引导学生提出更为优化的解决方案，激发学生动脑筋、想办法，以便进一步提升学生善于思考、勇于创新的能力。

例如，在进行"地大东区校园停车库规划设计"时，围绕车库内停车布置方式这一内容，不同小组学生从停车道、通车道的组合关系，提出和试算了多种方案，力求通过不同的停车布置形式（垂直停车、斜向停车、水平停车），在满足建筑柱网的尺寸条件下，设计容纳更多车位的布置方案。在课程设计过程中，应充分利用这些内容，强化学生对设计方案多样性的认识和

159

理解,在答辩环节中对不同方案的优点进行重点点评,让学生感受到成果被认可和被尊重。

6. 企业导师的参与

开展校企合作协同育人是新工科建设的重要内容,是培养高等工程人才的必由之路,也是培养高素质创新人才的有效举措。

城市地下空间规划涉及的专业基础知识多、内容全、专业技术性强,对于没有接受过城乡规划背景知识训练的在校大学生,对规划原则和内容的把握会非常欠缺。加之,校内指导教师由于缺乏具体规划项目的实践,对规划细节和实施路径的理解会与专业设计院和国土空间规划部门存在偏差。因此,为体现课程的实战性和实践性特点,需要聘请经验丰富的校外企业导师进行专业性的指导,以提升课程设计的质量。

为此,我校优化配置校内外产学研基地资源,充分调动校友优势,聘请了5位具有丰富工作和实践经验的行业技术人员作为企业指导教师,以专业教师与行业专家共同指导的形式,实现专业教师和行业专家的优势互补,在提升课程设计专业性的同时,也进一步提高了青年教师的实践能力(图8-4)。

图8-4 企业导师参与课程设计指导工作

8.2 课程设计实践教学课程思政探索

8.2.1 高等工程教育的课程思政

1. 高等工程教育开展课程思政的积极意义

党的二十大报告指出,要加快建设国家战略人才力量,努力培养造就更多大师、战略科学家、一流科技领军人才和创新团队、青年科技人才、卓越工程师、大国工匠、高技能人才。党的二十大报告站在深入实施人才强国战略的高度,对高等学校培养未来高素质工程人才的工作提出了新要求。习近平总书记曾在中央人才工作会议上指出:"要培养大批卓越工程师,努力建设一支爱党报国、敬业奉献、具有突出技术创新能力、善于解决复杂工程问题的工程师队伍。"政治立场坚定、知识底蕴深厚、创新能力突出、业务素养精湛四种导向,应当高度统一于工程人才培养的全过程中。在高等工程教育中贯彻课程思政,对于落实立德树人根本任务有着极为重要的意义。

教育部党组成员、副部长吴岩同志曾提出,课程思政是专业课程与弘扬真善美的结合,这个结合要有一个勘探、发掘、冶炼、加工的过程。而在高等工程教育中,教师需要进行勘探、发掘、冶炼、加工的对象,就是以不同表征、不同形态、不同维度,蕴含在教学内容、体现在课堂教学过程中的各类课程思政素材。开展课程思政的过程中,如何科学把握、有效提炼、合理运用好思政素材,采取适当的教学方法,实现社会大环境与校园文化环境、工程教育环境的相互呼应和内在统一,提升课程思政育人成效,就显得尤为重要。

2. 高等工程教育课程思政的 8 个维度

高等工程教育中,课程思政的各类素材,依其学科背景、历史脉络、现实逻辑、发展趋势,以及其中蕴含的文化背景、创新理念,可以体现为自主、创新、应用、质量、历史、发展、伦理、安全 8 个辩证统一的维度。

(1)自主维度:坚持自力更生,艰苦奋斗。随着中国高等工程教育进入新时代,工程教育不仅为产业发展、经济增长、社会建设提供了大批高素质应用型人才,更为产出具有战略性意义的科研成果、铸造大国工程培养了优秀的领军人物。在高等工程教育的课程思政中,应当贯彻独立自主的理念,引入恰当的事例,帮助学生培养勇立潮头、自力更生、艰苦奋斗的意识,坚定敢于攻坚、乐于克难的自信、自强理念。将坚持独立自主、艰苦奋斗的课程思政素材融于课堂教学中可以助力学生坚定理想信念,培养奋斗精神。

(2)创新维度:坚持创新引领,弘扬创新精神。创新是工业现代化的必由之路,是高等工程教育改革与实践过程中不可或缺的环节。新一轮技术革命的时代背景下,我国要发展现代制造业体系、构建服务于经济社会可持续发展的产业链,需要大批高素质创新型工程科技人才的有力支撑。在课程思政中,应当强调工程理论发展的新趋势、工程实践方法的新变革、工程建设标准的新要求,使学生养成自主探索未知、自愿参与创新的意识自觉和行动自觉。

(3)应用维度:坚持立足生产,服务社会。在高等工程教育的课程思政中,应当引导学生紧密贴合专业课程的学习和实习实训实践的开展,近距离接触生产一线人员,学习行业产业背景知识,锻炼工程实践能力,使思维模式、学习形式、科研方式更加贴近产业、贴近实际,使课程思政更好地服务于产学研一体协同人才培养。增强学生投身现代化建设的历史使命感,增强学生对自身所学学科专业的职业认同感,增强学生在教学科研团队中的参与感、荣誉感,促进思政教育、理论教学、科学研究和创新创业协同发展、良性互动,助力学生的自我培养和自我发展。

(4)质量维度:坚持质量第一,精益求精。质量规范和质量标准是各方面工程领域的行业标尺,同样也是工程教育中课程思政的重要元素。在课程思政中,应当重视并强调工程质量规范、产品质量规范、计量规范、施工规范、实验规程等相关内容的地位和作用,对接国家标准化体系建设规划和落实举措,在各专业的理论教学和实习实训中体现质量理念和质量要求。特别是针对接受工程教育专业认证的相关专业,要有效关注质量管理、科学评价、持续改进等内容,全面优化理论授课、问题分析等各个教学环节,使学生在工程领域的学习和研究中,始终坚持质量第一的理念,始终坚持严谨求实、精益求精的导向,始终坚持系统化、标准化、规范化的工作方法。

(5)历史维度:坚持不忘初心,面向未来。习近平总书记曾指出,历史是最好的教科书。工程人才培养过程中,应当对历史精神传承、历史责任传递、历史文化传播给予足够重视,以国内外丰富的历史事例作为思政素材库,特别是结合高等学校推进"四史"学习教育常态化、长效化等工作,使学生以史为鉴,明古知今,在学习历史中受到教育。工程类各学科发展过程中,均积累了丰富的古今中外事例,特别是近代以来革命先辈为追求国家富强、独立自主而开展的重大科学研究与实践,这些事例都是课程思政的宝贵素材。

(6)发展维度:推进以人民为中心的高质量发展。党的二十大报告指出,高质量发展是全面建设社会主义现代化国家的首要任务。完整准确全面贯彻和践行新发展理念,建设高质量的现代化产业体系,确保"十四五"时期我国发展开好局、起好步,是新时期高等工程教育的必答之题、必经之路。工科专业开展课程思政的过程中,应注重将新发展理念贯穿在思想政治教育和专业课教育的始终,使学生清醒认识、理性判断我国在全面实现社会主义现代化建设目标过程中的科技水平、创新能力,准确把握、科学评价所在学科专业的发展瓶颈、存在问题,紧盯科技发展前沿趋势,及时更新知识体系,充分利用数字化平台、信息化手段,践行"新的工科专业、工科的新要求",以发展的思维和方法去开展学习和科学研究。

(7)伦理维度:践行社会主义核心价值观。工程伦理是工程教育和人文教育的交叉领域,是近年来研究的热点之一。高等工程教育培养出的合格工程技术人才,必将参与社会各行业的建设和发展中。在工程教育中,应当以课程思政为载体和手段,运用正反两方面典型素材,以社会主义核心价值观为内核,以中华优秀传统文化所体现的社会公德、职业道德为辅助,结合其他文明所蕴含、所传承的职业伦理因素,将工程伦理教育融入教学中,讲授相关行业的历史惯例、行业行为规范、行业质量标准,使学生在工程教育中树立法律意识、责任意识、质量意识。

(8)安全维度:维护总体国家安全。工程安全涉及国家、社会和民众安全的各个方面,如工程质量安全、信息系统安全、食品药品安全、生态环境安全,甚至意识形态安全等。安全教育是课程思政的重要组成部分,在培养高素质工程人才中起着不可替代的作用。对于工科专业而言,在课程思政中体现安全教育,应当从专业角度切入,立足专业知识,从具体事例出发,与课程思政的其他内容紧密结合,充分体现安全生产的关键性、重要性,充分体现安全教育的多元性、多维性,使学生掌握安全理念,加强安全意识。

在高等工程教育中,课程思政的8个维度之间是辩证统一的。首先,8个维度彼此之间具有辩证统一关系。8个维度不是非此即彼、彼此独立的个体或单元,而是共同发挥作用的整体。一种课程思政素材中,通常会同时蕴含多个维度,为多种专业、多门课程所运用;反之,某个特定的维度,可以在各个专业、各门课程中,以恰当的方式,通过一定的素材得以展现和发挥思政教育作用。8个维度彼此联系、相互融合,辩证统一于课程思政的育人实践中。在高等工程教育中,基于8个维度素材开展课程思政的流程见图8-5。

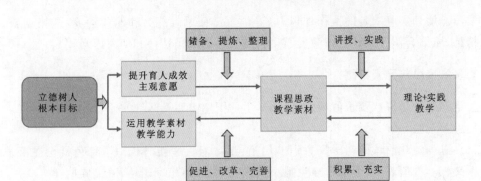

图 8-5 高等工程教育中开展课程思政的流程图

8.2.2 课程设计实践教学思政元素的融入路径探讨

实践教学是课堂教学的拓展和升华,是开展沉浸式思政的重要方式,是学生全身心参与思政的重要环节。高等工程教育中,课程思政改革与实践应紧密围绕并始终服务于工程教育的目标,以提升课程思政的建设质效、改革成效、育人实效为导向,坚持课程思政教师队伍建设、教学资源建设、评价体系建设一体推进,坚持课程思政与专业人才培养同向同行,建立起课程思政与专业教育之间逻辑互嵌、动作协同、内容相通的工程人才培养框架。

1. 课程设计思政目标构建

思政目标是课程思政的实施依据和育人效果评价的准则,构建合理清晰的课程思政目标有助于课程思政内容的建设和教学过程的设计。对标《"新工科"建设行动路线》《高等学校课程思政建设指导纲要》等需求,围绕我校土木工程专业、城市地下空间工程专业人才培养目标,从"专业育人"和"思政育人"两个环节确定了"城市地下空间规划及设计"课程设计的课程思政目标。

1) 专业育人目标

课程目标 1:能够针对课程设计任务书的要求,着手查找、收集各种资料(文献资料、规范、工程案例等),并总结和整理相关的成果,制定合理的规划设计原则及要点,提出规划总体方案,并论证方案的合理性。

课程目标 2:能够根据课程设计要求展开现场调查、数据分析、方案设计、文字编写及成果绘制;能够选用恰当的工具,进行原始数据整理、重要建筑结构计算及绘图,对规划设计结果分析判断;熟悉和掌握 AutoCAD、Office、Photoshop、GIS 等专业工具的使用方法。

课程目标 3:能够在课程设计过程中了解地下空间规划、结构建筑设计、功能需求布置等对环境和社会可持续发展的影响,理解土木工程师应承担的责任;具有团队合作精神及协调沟通能力,能够通过撰写设计说明书、绘制设计图等方式准确而有效地表达专业见解。

2) 思政育人目标

思政目标 4:树立学生正确的世界观、价值观和职业观;强化工程伦理教育,培养学生科学的学习态度和实事求是的工作作风;培养学生辩证思维能力和职业素养,开拓创新、锐意进取精神,团结合作、创新精神;激发学生科技报国的家国情怀和使命担当。

2. 多维度思政元素挖掘

立足实践教学特点及价值理念,围绕学生的情感需要及认知水平,深入挖掘了4个维度的课程思政元素。

(1)维度一:政治认同与国家意识。包括:学习习近平新时代中国特色社会主义思想和社会主义核心价值观,培养学生自觉把小我融入大我,厚植家国情怀、民族情怀。

(2)维度二:科学精神与哲学思维。包括:注重科学思维方法的训练和科学伦理的教育,培养学生探索未知、追求真理、创新实践、勇攀科学高峰的责任感和使命感。

(3)维度三:品德修养与法治精神。包括:加强中华优秀传统文化教育,注重在知识传播中实现价值引领,帮助学生树立正确的人生观和价值观;引导学生弘扬社会主义法治精神,强化法治思维,提高法律素养,增强法治意识。

(4)维度四:工程伦理与职业精神。包括:开展职业道德和职业理想教育,引导学生深刻理解并自觉实践行业的职业精神、职业操守和职业规范,增强职业使命感,服务国家和回馈社会。

3. 实践教学思政要点映射

通过深入梳理课程设计教学内容,不断发掘提炼专业知识体系中所蕴含的思想价值和精神内涵,针对4个维度的课程思政元素,构建了课程设计知识内容与思政要点的映射表(表8-4),对课程知识体系的广度和深度进行了拓展,实现实践教学与思政教育协同推进。

表8-4 "城市地下空间规划及设计"课程设计实践教学与思政要点映射表

思政目标及维度	思政切入点	思政素材及支撑
维度一: 政治认同与 国家意识	习近平新时代中国特色社会主义思想和社会主义核心价值观,培养学生自觉把小我融入大我,厚植家国情怀、民族情怀	随着我国地下空间发展,越来越多举世瞩目的地下空间工程诞生,我国已成为地下空间开发利用大国和强国
维度二: 科学精神与 哲学思维	注重科学思维方法的训练和科学伦理的教育,培养学生探索未知、追求真理、创新实践、勇攀科学高峰的责任感和使命感	在规划设计及结构参数计算中坚持实事求是的基本原则,坚持去伪存真、精益求精的工程精神
维度三: 品德修养与 法治精神	加强中华优秀传统文化教育,树立正确的人生观和价值观;引导学生弘扬社会主义法治精神,强化法治思维,提高法律素养,增强法治意识	鼓励学生积极走出去开展现场调研,增强学生互帮互助意识、团队协作精神,让学生体会职业的荣誉感;按照规范要求进行地铁设计、综合管廊设计、地下停车场设计等
维度四: 工程伦理与 职业精神	开展职业道德和职业理想教育,引导学生深刻理解并自觉实践行业的职业精神、职业操守和职业规范,增强职业使命感,服务国家和回馈社会	在规划设计中,以高标准要求完成任务,养成精益求精的职业精神;在整个设计环节中严格按照任务书要求的时间节点来开展工作,保持良好的职业行为能力

4. 实践教学课程思政实施路径

(1) 修订课程思政教案，重构教学内容编排。对原有课程设计教学大纲进行修改和完善，形成了新的"城市地下空间规划及设计"课程思政教案。在教学目标和教学要求中除了明确教学的专业知识点外，还具体提出各个实践环节在学生思政工作中应达到的目标和要求，在教学内容和教学进度安排中明确课程思政的知识点和育人环节。

(2) 设计完善课程思政资源库。与课程设计匹配的课程课堂教学同步，通过一系列杰出工程人员的优秀事迹、国家超级工程的建造实例、工程事故的经验教训等案例的植入，将教学内容与课程思政要点紧密结合，培养学生的民族自豪感、专业责任感、工匠精神、科技创新精神等。

在前期的课堂教学中，向学生展示教师及科研团队的科研成果及社会服务成果，让学生更全面地了解我校专业特色及学科方向，增强学生对校情、校史的理解和感悟，进一步激发学生的专业学习热情和读研深造的意愿，更切实地回答了学生关于"为什么学习这门课、学了有什么用"的问题。

(3) 新手段、新技术赋能课程思政实施。学生对教师采用的教学手段和教学方法的接受程度很大限度上决定了他们对这一门课程的喜爱程度。在"互联网+"的时代大背景下，除传统的多媒体PPT、板书教学外，教师也尝试采用学生熟悉和乐于接受的，诸如短视频融媒体、微信公众号推送、大学生MOOC课、虚拟仿真实验平台等手段，多途径赋能教学手段和方法，优化组合教学方式。

尤其是在课程设计实践环节，能真正结合规划设计案例，利用"项目驱动""问题引导""线上线下混合""翻转课堂"等教学模式深入推进课程思政，提升学生对融合思政元素教学模式的认同度。

(4) 实践思政理念激活思政效能。"城市地下空间规划及设计"课程相比其他课程设计，更多地融入了前期现场调查、数据调研等"走出去"的环节。

"实践思政"理念的引入使思政的模式丰富和鲜活起来，通过学习小组进行人流量预测、地下停车规划模型构建、场地环境调查等，有效地培养了学生沟通交流能力和团队合作精神，实现了课堂思政的有益补充。尤其是在规划前期方案总设计阶段，结合规划背景听取学生对规划目标的理解和方案的初步设计，现场开展"情景教学"，引导学生对地下空间规划建设与周边环境协调统一的深层次思考，树立学生的职业责任感并引导学生学习和遵守相应的职业道德和操作规范，提高学生的综合工程素养。

(5) 完善建立实践思政考核方式。课程思政的教学具有隐性化、立体化、多样化的特点，应该将课程思政的育人成效考核融入过程性评价与结果性评价。例如，增加平时成绩的比重并丰富平时成绩考核的方式，除常规的考勤以外，在平时的答疑、课后的答辩汇报等阶段及时观察了解学生的学情，对学生的学习态度进行综合性评价。

主要参考文献

陈志龙,张平,2014.城市地下停车场系统规划与设计[M].南京:东南大学出版社.

郭小东,苏经宇,王志涛 2016.韧性理论视角下的城市安全减灾[J].上海城市规划(1):41-44+71.

郭小东,费智涛,王志涛,2021.城市灾害应对的刚性、弹性与韧性[J].城乡规划(3):35-42.

胡德鑫,纪璇,2022.中国工程教育专业认证制度四十年回眸:演变、特征与革新路径[J].国家教育行政学院学报(12):72-78+95.

赫磊,2019.城市地下空间防灾理论与规划策略[M].上海:同济大学出版社.

金兴平,2018.城市综合管廊工程设计指南[M].北京:中国建筑工业出版社.

李清,2019.城市地下空间规划与建筑设计[M].北京:中国建筑工业出版社.

刘美玲,李熹,周卫,等,2022.基于CDIO工程教育模式的软件工程专业课程设计实践[J].大学教育(5):63-65.

刘皆谊,2009.城市立体化视角:地下街设计及其理论[M].南京:东南大学出版社.

龙东华,2012.城市中心区停车需求预测模型及应用研究[D].重庆:重庆交通大学.

彭芳乐,乔永康,常建福,等,2017.城市地下街建设标准体系研究[J].地下空间与工程学报,13(4):868-876.

仇保兴,2018.基于复杂适应系统理论的韧性城市设计方法及原则[J].城市发展研究,25(10):1-3.

孙亮,徐震,佟德志,2023.高等工程教育中课程思政的"八个维度"[J].天津师范大学学报(社会科学版)(3):64-71.

谭卓英,2015.地下空间规划与设计[M].北京:科学出版社.

王立立,任刚,张娜,等,2022.工程教育认证背景下的物理性污染控制工程课程设计改革探索[J].化工高等教育,39(2):66-69.

王建,2019.城市地下综合管廊设计与工程实例[M].北京:中国建筑工业出版社.

王铁庆,杨福增,2022."机械设计课程设计"课程教学中融入系统设计的探索[J].南方农机,53(24):171-173+182.

肖艳杰,2018.轨道交通客流预测模型优化及应用研究[D].武汉:武汉理工大学.

熊思敏,2021.日本地下商业街停车场案例分析[J].交通与运输,37(1):96-99.

许端端,周艳清,李倩,等,2022.超星学习通教学平台在课程设计环节中的应用——以土力学与基础工程课程为例[J].黑龙江科学,13(1):72-73+76.

钟登华,2017.新工科建设的内涵与行动[J].高等工程教育研究(3):1-6.

周晓军,周佳媚,等,2016.城市地下铁道与轻轨交通[M].2版.成都:西南交通大学出版社.

住房城乡建设部,2015.城市停车设施规划导则[EB/OL].(2015-09-06)[2023-12-12]https://www.gov.cn/xinwen/2015-09/06/content_2925775.htm.

邹昕争,2020.防灾韧性城市理念下地下空间总体规划布局方法研究——以张家口市主城区为例[D].北京:北京建筑大学.

中国工程院战略咨询中心,等,2022.2021中国城市地下空间发展蓝皮书[EB/OL].(2021-12-26)[2023-12-12]http://files.hy.csrme.com/ftp/data/User/csrme/home/ftp/BlueBook2021/mobile/index.html.2021-12-26.

附录Ⅰ 引用规范名录

北京市市场监督管理局.城市地下空间资源地质评估标准:DB11/T 1895—2021[S].北京:北京市监督管理局,2022.

国家市场监督管理总局.地质灾害危险性评估规范:GB/T 40112—2021[S].北京:中国标准出版社,2021.

国家市场监督管理总局.室内空气质量标准:GB/T 18883—2022[S].北京:中国标准出版社,2022.

河南省市场监督管理局.城市地下空间开发地质环境适宜性评价技术规范:DB41/T 2120—2021[S].郑州:河南省市场监督管理局,2022

环境保护部.声环境质量标准:GB 3096—2008[S].北京:中国环境科学出版社,2008.

中国工程建设标准化协会.城市地下商业空间设计导则:T/CECS 481—2017[S].北京:中国计划出版社,2017.

中国工程教育专业认证协会.工程教育认证标准:T/CEEAA 001—2022[S].

中国勘察设计协会.城市地下综合管廊工程设计标准:T/CECA 20022—2022[S].北京:中国建筑工业出版社,2023.

中华人民共和国国家质量监督检验检疫总局.门和卷帘的耐火试验方法:GB/T 7633—2008[S].北京:中国建筑工业出版社,2009.

中华人民共和国国土资源部.城市地质调查规范:DZ/T 0306—2017[S].北京:地质出版社,2017.

中华人民共和国国土资源部.地面沉降调查与监测规范:DZ/T 0283—2015[S].武汉:中国地质大学出版社,2023.

中华人民共和国国土资源部.地质灾害危险性评估规范:DZ/T 0286—2015[S].北京:地质出版社,2015.

中华人民共和国国土资源部.水文地质调查规范(1∶50 000):DZ/T 0282—2015[S].北京:中国标准出版社,2015.

中华人民共和国建设部.岩土工程勘察规范(2009年版):GB 50021—2001[S].北京:中国建筑工业出版社,2009.

中华人民共和国住房和城乡建设部.车库建筑设计规范:JGJ 100—2015[S].北京:中国建筑工业出版社,2010.

中华人民共和国住房和城乡建设部.城市道路工程设计规范:CJJ 37—2012[S].北京:中国建筑工业出版社,2012.

中华人民共和国住房和城乡建设部.城市地下空间规划标准:GB/T 51358—2019[S].北京:中国计划出版社,2019.

中华人民共和国住房和城乡建设部.城市地下空间利用基本术语标准:JGJ/T 335—2014[S].北京:中国建筑工业出版社,2014.

中华人民共和国住房和城乡建设部.城市工程管线综合规划规范:GB 50289—2016[S].北京:中国建筑工业出版社,2016.

中华人民共和国住房和城乡建设部.城市轨道交通工程项目规范:GB 55033—2022[S].北京:中国建筑工业出版社,2023.

中华人民共和国住房和城乡建设部.城市轨道交通客流预测规范:GB/T 51150—2016[S].北京:中国建筑工业出版社,2016.

中华人民共和国住房和城乡建设部.城市轨道交通线网规划标准:GB/T 50546—2018[S].北京:中国建筑工业出版社,2018.

中华人民共和国住房和城乡建设部.城市轨道交通岩土工程勘察规范:GB 50307—2012[S].北京:中国计划出版社,2012.

中华人民共和国住房和城乡建设部.城市综合管廊工程技术规范:GB 50838—2015[S].北京:中国计划出版社,2015.

中华人民共和国住房和城乡建设部.城乡规划工程地质勘察规范:CJJ 57—2012[S].北京:中国建筑工业出版社,2012.

中华人民共和国住房和城乡建设部.城镇燃气设计规范(2020年版):GB 50028—2006[S].北京:中国建筑工业出版社,2020.

中华人民共和国住房和城乡建设部.地铁设计防火标准:GB 51298—2018[S].北京:中国计划出版社,2018.

中华人民共和国住房和城乡建设部.地铁设计规范:GB 50157—2013[S].北京:中国建筑工业出版社,2014.

中华人民共和国住房和城乡建设部.地下结构抗震设计标准:GB/T 51336—2018[S].北京:中国建筑工业出版社,2019.

中华人民共和国住房和城乡建设部.电力工程电缆设计标准:GB 50217—2018[S].北京:中国计划出版社,2018.

中华人民共和国住房和城乡建设部.工程岩体分级标准:GB/T 50218—2014[S].北京:中国计划出版社,2015.

中华人民共和国住房和城乡建设部.公共建筑节能设计标准:GB 50189—2015[S].北京:中国建筑工业出版社,2015.

中华人民共和国住房和城乡建设部.建筑采光设计标准:GB 50033—2013[S].北京:中国建筑工业出版社,2013.

中华人民共和国住房和城乡建设部.建筑防火通用规范:GB 55037—2022[S].北京:中国计划出版社,2023.

中华人民共和国住房和城乡建设部.建筑工程抗震设防分类标准:GB 50223—2008[S].北京:中国建筑工业出版社,2008.

中华人民共和国住房和城乡建设部.建筑设计防火规范(2018年版):GB 50016—2014[S].

北京:中国计划出版社,2018.

中华人民共和国住房和城乡建设部.建筑与市政工程防水通用规范:GB 55030—2022[S].北京:中国建筑工业出版社,2023.

中华人民共和国住房和城乡建设部.建筑照明设计标准:GB 50034—2013[S].北京:中国建筑工业出版社,2014.

中华人民共和国住房和城乡建设部.民用建筑隔声设计规范:GB/T 50118—2010[S].北京:中国建筑工业出版社,2010.

中华人民共和国住房和城乡建设部.民用建筑工程室内环境污染控制规范:GB 50325—2010[S].北京:中国计划出版社,2011.

中华人民共和国住房和城乡建设部.民用建筑供暖通风与空气调节设计规范:GB 50736—2012[S].北京:中国建筑工业出版社,2012.

中华人民共和国住房和城乡建设部.民用建筑设计统一标准:GB 50352—2019[S].北京:中国建筑工业出版社,2019.

中华人民共和国住房和城乡建设部.膨胀土地区建筑技术规范:GB 50112—2013[S].北京:中国建筑工业出版社,2013.

中华人民共和国住房和城乡建设部.汽车库、修车库、停车场设计防火规范:GB 50067—2014[S].北京:中国建筑工业出版社,2015.

中华人民共和国住房和城乡建设部.土工试验方法标准:GB/T 50123—2019[S].北京:中国计划出版社,2019.

中华人民共和国住房和城乡建设部.种植屋面工程技术规程:JGJ 155—2013[S].北京:中国建筑工业出版社,2013.

附录Ⅱ 课程设计任务书范例1

中国地质大学

城市地下空间规划及利用
课程设计任务书

题目:地大东区校园地下停车库规划设计

任课教师:左昌群

使用班级:053181 班

时间安排:2021.05—2021.06

一、课程设计目的

本次课程设计的目的是使学生进一步巩固所学的"城市地下空间规划及利用"课程的基础知识,深入了解各种城市地下功能空间的规划原理和建筑设计要求,并能熟悉各专项规划与设计的流程步骤,使学生基本具备城市总体规划工作阶段对地下空间进行规划所需的调查研究能力、综合分析能力、规划表达能力。

二、课程设计内容及要求

(一)设计背景及现状条件

结合中国地质大学(武汉)东区教学及生活区所处的地理位置、地形地貌条件、水文地质与工程地质条件、现状道路布设、地面建筑类型及特点,针对主要生活区(家属楼)或广场区进行地下停车库的规划设计。具体选址按设计需求进行实地踏勘并给出确切位置,同时根据所选位置周围环境进行实际地下停车库的规划设计。停车库按预期15年进行规划设计。现状条件及规划范围见附图Ⅱ-1、附图Ⅱ-2。

附图Ⅱ-1 东区眷属楼及后勤办公楼停车现状

(二)设计内容

本课程设计内容主要涵盖地下停车库的规划选址、停车需求预测、停车库平面及建筑设计、防火及消防设计等几大环节。具体内容如下。

1. 规划区现状及停车需求预测

根据规划区道路现状、人口现状、交通流量、地上/地下建筑分布、已有地上/地下停车设施等,预测计算地下车库容量需求。

(1)场地环境条件现状及用地布局现状。
(2)停车现状调查及分析。
(3)停车需求预测,配建指标选择及参数设计。

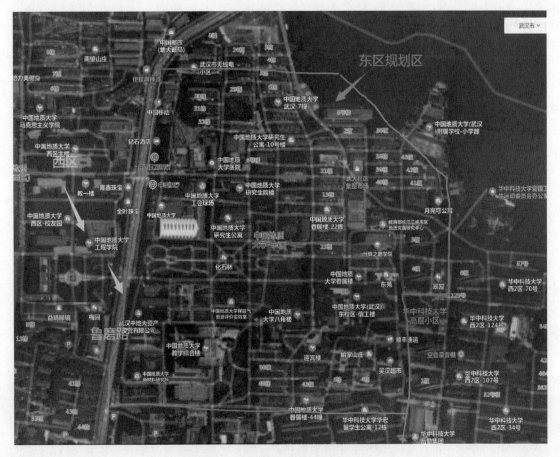

附图Ⅱ-2　课程设计规划调查区范围

2. 地下停车库选址及平面布局

初步确定停车库类型并选址，根据周围地面道路和建筑情况，进行地下停车库平面布局，布置停车库的功能区划分。

(1)车库类型确定及规划选址。

(2)功能区划分及面积说明。包括出入口、停车区、管理区、辅助区等。

(3)形状确定、建筑面积估算。确定停车库形状，计算停车库面积，包括停车库的建筑面积、坡道面积、停车区面积、辅助区总面积(包括行人通道面积)。

3. 停车库主体建筑设计

(1)停车位指标估算及车位单元估算设计。

(2)停车布置及车道设计。包括停车方式、库内交通组织、车道宽度等。

(3)柱网单元尺寸设计。

4. 停车库坡道及出入口设计

(1)出入口设计。包括出入口数量、位置与库外道路衔接等。

(2)坡道类型选择。直线型、曲线型、单车道或双车道。

(3)坡道技术设计。包括数量、位置、坡度、高度、缓坡曲线等的设计。

5. 车库防火及消防设计

(1)防火分类及耐火等级确定。

(2)平面布置和总平面布置的防火要求。

(3)防火分区及安全疏散。

(三)设计要求

本次课程设计最终成果由设计说明书和设计图纸共同组成。

1. 设计说明书

设计说明书由封面、目录、正文及附件组成。正文按设计内容编排,依次按章节排序;正文使用小四号宋体,外文使用 Time New Roman,行距 20 磅,段落首行空 2 个字符,左右两端对齐排版。封面格式附后。

2. 设计图

文中插图及设计图均用 CAD 软件绘制;设计图用 A3 纸打印,图框格式附后。设计图应包括且不限于:①地下停车库选址及平面图;②停车库总平面布置图;③停车库柱网平面布置及停车间布置图;④停车库交通组织及行车线路图;⑤坡道平纵面布置图。

三、考核要求及成绩评定

(一)考核基本要求

(1)现场调查能力。根据采用的调查方法和调查数据处理结果进行评价。

(2)对基础知识及相关规范资料的掌握程度。根据课程设计报告表现出来的基本知识和基础理论、基本规划方法运用情况进行评价。

(3)创新能力。根据说明书的规划结果、规划方法所具有的创造性、新颖性、科学性进行评价。

(二)成绩评定

课程设计成绩根据设计图纸、设计计算说明书、考勤等评价因素综合评定。

成绩等级:优(90～100 分)、良(80～90 分)、中(70～80 分)、及格(60～70 分)、不及格(<60 分)5 个等级。其中,设计图纸分数比重占总成绩的 35%,设计说明书占 45%,考勤答疑等占 20%。

四、课程设计进度安排

附表Ⅱ-1 课程设计进度安排

阶段	阶段内容	时间/周	答疑次数/次
准备	规范、文献查阅；现场环境调查踏勘	0.5	1
分析	整体规划方案选择、提纲设计	0.5	1
设计	数据计算、分项设计、画图	1	2
撰写	编写设计说明书、装订成册	0.5	1

五、规范及文献资料

中华人民共和国住房和城乡建设部.车库建筑设计规范：JGJ 100—2015[S].北京：中国建筑工业出版社，2010.

中华人民共和国住房和城乡建设部.汽车库、修车库、停车场设计防火规范：GB 50067—2014[S].北京：中国建筑工业出版社，2015.

张庆芳，肖聪，卢宝全.房屋建筑学[M].北京：化学工业出版社，2016.

谭卓英.地下空间规划与设计[M].北京：科学出版社，2015.

网络资料、课件及其他参考资料

附件1　报告封面格式

城市地下空间规划及利用
课程设计

设计题目：_____

指导教师：_____

学生姓名：_____

学生学号：_____

所在班级：_____

提交日期：_____

附件2 设计图图框

中国地质大学(武汉)		课程名称	城市地下空间规划及利用
院系			图名
制图人	学号	阶段	
审图人		日期	图号

附录Ⅲ 课程设计任务书范例2

中国地质大学

城市地下空间规划及利用
课程设计任务书

题目：城市轨道交通线路及站点规划设计

指导教师：左昌群
使用班级：052193班、052194班、053191班
时间安排：2021.11—2022.01

一、课程设计目的

本次课程设计的目的是,使学生进一步巩固所学的"城市地下空间规划及利用"课程的基础知识,深入了解各种城市地下功能空间的规划原理和建筑设计要求,并能熟悉各专项规划与设计的流程步骤,使学生基本具备城市总体规划工作阶段对地下空间进行规划所需的调查研究能力、综合分析能力、规划表达能力。

二、课程设计内容及要求

(一)设计背景及现状条件

武汉是湖北省省会,国家历史文化名城,我国中部的中心城市,全国重要的工业基地、科教基地和综合交通枢纽。随着国家中部崛起战略的实施,武汉正处于经济发展和城市建设的快速增长期。目前,武汉市城市空间发展已由圈层式发展进入"圈层+轴向"拓展阶段,地下空间的开发建设处于快速发展时期。城市空间形态的拓展,人口的强劲增长,均要求大力发展轨道交通,为城市经济快速可持续发展提供高效的交通体系。

2013年,根据武汉建设国家中心城市的伟大目标,以及基于《武汉2049远景发展战略》,武汉市启动了新一轮轨道交通线网规划修编,通过开展规模匡算、客流走廊分析、国铁利用、快线运营实施规划、公交一体化等专题研究,充分借鉴国内外轨道交通发展经验,在维持原线网方案总体架构稳定的基础上,确定武汉市远景轨道交通线网结构为"环线+快线",在市域快线编织结构外围,设置环线,实现了环线与快线之间的良好布局。环线串接多中心和对外枢纽,疏导核心区客流,强化主城功能和三镇沟通;市域快线引导新城发展方向。远景年市域轨道线网方案总长度为1045km,站点为603座,线路数为25条,其中环线长55km。其中,主城区范围内线网总长度为533km,站点为365座。

为实现轨道交通对光谷地区庙山区域、江夏大道沿线区域的完全覆盖,切实解决周边居民的通勤出行需求,根据《武汉市城市轨道交通近期建设规划(2014—2020年)》,规划的轨道交通9号线起于中国地质大学,终点至五里界,线路全长约20.2km。轨道交通9号线将成为光谷广场与武汉地铁2号线和武汉地铁11号线换乘线路。线路分2期建设,一期为中国地质大学到江夏大道汤逊湖城铁站。另一期线路全长约8.5km,途经鲁磨路、光谷广场、民族大道、江夏大道及周边区域;线路辐射区域有大量居民住宅小区,光谷步行街商业体,长江职业学院、中南民族大学、武汉纺织大学、中南财经政法大学等多所高校,及洪山区人民法院等企事业单位。9号线一期线位走向及周边环境、用地布局等见附图Ⅲ-1、附图Ⅲ-2。

(二)设计内容

以规划轨道交通9号线一期工程(中国地质大学站—汤逊湖站)为对象,通过收集城市规划资料、现场调查、查阅规范及技术资料等手段,完成本次课程设计。规划设计应主要包括以下内容。

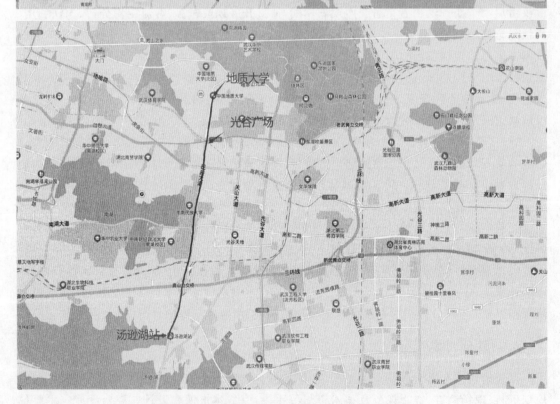

附图Ⅲ-1 轨道交通9号线规划线路走向示意图

附图Ⅲ-2　轨道交通9号线一期周边环境及用地布局

1. 规划背景及资料调查

(1)线路周边道路、建筑及设施条件等现状条件分析。
(2)线路及辐射范围内,客流主要方向及分布特点分析。
(3)预测主要断面客流。

2. 线位方案规划与设计

(1)线路走向规划。
(2)线路主要敷设方式及站点布置。
(3)车站分布及平面布置。

3. 中国地质大学站规划设计

(1)车站功能设计及车站平面布局。
(2)站台类型及尺寸设计。
(3)出入口设计及平面布置。
(4)站内功能分区及平面布置。
(5)与其他交通方式换乘设计。

4. 防火及消防设计

(1)防火分类及耐火等级确定。
(2)平面布置和总平面布置的防火要求。

(3)防火分区及安全疏散。

(三)设计要求

本次课程设计最终成果由设计说明书和设计图纸共同组成。

1. 设计说明书

设计说明书由封面、目录、正文及附件组成。正文按设计内容编排,依次按章节排序;正文使用小四号宋体,外文使用 Time New Roman,行距 20 磅,段落首行空 2 个字符,左右两端对齐排版。封面格式见附件 1。

2. 设计图

文中插图及设计图均用 CAD 软件绘制,设计图用 A3 纸打印,图框格式见附件 2。设计图应包括以下内容。
(1)线路平面线位及站点布置图。
(2)中国地质大学站平面及出入口布置图。
(3)中国地质大学站站厅及站台平面布局图。

三、考核要求及成绩评定

(一)考核基本要求

(1)现场调查能力。根据采用的调查方法和调查数据处理结果进行评价。
(2)考察对基础知识及相关规范资料的掌握程度。根据课程设计报告表现出来的基本知识和基础理论、基本规划方法运用情况进行评价。
(3)创新能力。根据说明书的规划结果、规划方法所具有的创造性、新颖性、科学性进行评价。

(二)成绩评定

课程设计成绩根据设计图纸、设计计算说明书、考勤等情况综合评定。

成绩等级:优(90~100 分)、良(80~90 分)、中(70~80 分)、及格(60~70 分)、不及格(<60 分)5 个等级。其中,设计图纸分数比重占总成绩的 35%,设计说明书占 45%,平时表现等占 20%。

四、课程设计进度安排

附表Ⅲ-1　课程设计进度安排

阶段	阶段内容	时间/周	答疑次数/次
准备	规范、文献查阅;现场环境调查踏勘;设计提纲编写	0.5	1
设计	资料分析、数据整理;整体规划方案选择、各分项工程设计	1.0	1
撰写	编写设计说明书、绘图、报告装订成册	0.5	1

五、规范及文献资料

中华人民共和国住房和城乡建设部.地铁设计规范:GB 50157-2013[S].北京:中国建筑工业出版社.

中华人民共和国住房和城乡建设部.城市轨道交通线网规划标准:GB/T 50546—2018[S].北京:中国建筑工业出版社,2018.

中华人民共和国住房和城乡建设部.城市轨道交通技术规范:GB 50490-2009[S].北京:中国建筑工业出版社.

中华人民共和国住房和城乡建设部.地铁设计防火标准:GB 51298—2018[S].北京:中国计划出版社,2018.

谭卓英.地下空间规划与设计[M].北京:科学出版社,2015.

网络资料、课件及其他参考资料

附录Ⅳ 课程设计任务书范例 3

中国地质大学

城市地下空间规划及利用
课程设计任务书

设计题目:地大隧道火灾烟气分析及师生疏散设计

指导教师:左昌群

使用班级:052203 班、052204 班、053201 班

时间安排:2022.11—2022.12

一、课程设计目的

伴随着经济稳步增长、城市人口急剧膨胀,为缓解压力人们开始巧妙地利用地下空间,地下空间的开发利用已成为城市建设的重点。目前已开发利用的地下空间有地铁、地下隧道、地下车库、地下商业街等。城市地下工程兴建的同时,各种各样的安全隐患随之接踵而来,造成生命安全财产损失最为严重的当属火灾。地下工程具有结构复杂、扁平空间大、功能分区衔接多样、材料耐火性差、人员集中等特点,加之目前的地下工程仅通过少许的排烟口、竖井来排烟、散热,一旦发生内部火灾,无论从灾害规模还是救援难度来说都远超地上建筑,往往形成较严重的人员伤亡、财产损失。因此,研究火灾条件下地下封闭空间中的烟气扩散规律,有针对性地优化地下空间防火消防及防烟排烟技术措施体系,并提出极端条件下人员的疏散策略及路径对保障地下空间安全具有十分重要的意义。

本次课程设计的目的是使学生进一步巩固所学的"城市地下空间规划及利用"相关章节的基础知识,深入了解各种城市地下功能空间的规划原理和建筑设计要求,并能熟悉各分项规划与设计的流程步骤,使学生基本具备城市总体规划工作阶段对地下空间进行规划所需的调查研究能力、综合分析能力、规划表达能力。

二、主要内容及要求

(一)设计背景及现状条件

1. 地大隧道及结构特点

地大隧道位于中国地质大学(武汉)校内,南望山下,连接地大西区与北区。隧道为直线型,全长333m,净空高4.5m,洞宽6m。学校投资600多万元建设隧道,于2003年6月动工,于当年完工并投入使用。隧道结构采用的是模筑混凝土二衬型,西区进口段洞门为圆弧拱形,北区出口段洞门为矩形。隧道内部采用双向人行道系统,中间未设置隔离带。顶部设有简易照明系统(附图Ⅳ-1)。

地大隧道是第一条在高校内修建的隧道,隧道的修建为我校师生来往南北校区提供便利,从此师生穿越地大西区、北区不再绕行南望山。地大隧道成为学校西区和北区师生沟通交流的重要通道。

地大隧道里的涂鸦墙是地大学生一笔一画描绘出来的艺术作品,展现了地大学子对校园生活的向往之情、对大自然的热爱之情,以及学子们为祖国发展贡献力量的自豪感,成为中国地质大学校园内一道亮丽的风景线。

2. 隧道环境安全现状及存在问题

地大隧道是校园内部重要的交通枢纽,在课间(9:40—10:00、15:40—16:00等)、放学、早训(6:35—7:00)、就餐等重要时间段,隧道里的人流量会陡增,最大断面人流量可达10人/m²

附图Ⅳ-1　地大隧道洞门及洞内现状

（附图Ⅳ-2）。随着学生经济条件的改善，学生的出行方式也由传统的步行发展为骑共享单车、骑电瓶车等出行方式，因此在高峰期隧道也存在电瓶车自燃、电路短路等安全隐患。目前，隧道内并未单独设置通风排烟设备、自动喷淋装置、火灾报警监控系统等设施，一旦发生火灾，将会在师生人群中产生较大的恐慌，给疏散和救援造成极大的阻碍，控制不当，有可能造成人员伤害及财务损失，产生不良社会影响。

附图Ⅳ-2　上下课高峰期地大隧道学生人流量情况

（二）主要内容

以地大隧道为对象，通过收集资料、现场调查、规范及技术资料查阅、软件建模及仿真模拟等手段，完成本次课程设计。

1. 地大隧道建筑及人流分布调查

（1）地大隧道建筑结构及消防设施条件等现状条件调查。
（2）隧道人流量时空分布、人员结构、出行模式等的统计调查。
（3）隧道火灾及安全隐患的调查。

2. 地大隧道火灾烟气扩散规律及安全评估

(1)结合 PyroSim 软件,建立地大隧道物理模型,并按最不利工况,设置火灾参数及初始条件(软件界面见附图Ⅳ-3)。

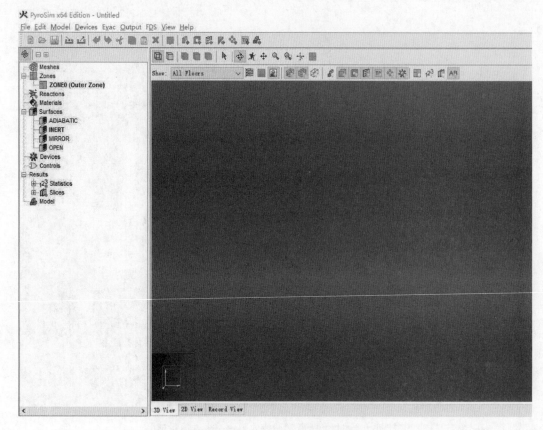

附图Ⅳ-3 PyroSim 软件界面

(2)进行火灾仿真模拟,对隧道进出口、中部等不同高度部位展开重点观测,获得烟气的扩散规律,分析不同断面的温度、可见度、CO 浓度等参数随时间变化的特征及对师生安全的影响。

(3)结合相关指标的判据标准,获得各关键位置的可用安全疏散时间(T_{ASET})。

3. 火灾条件下地大隧道师生疏散路径设计及规划

(1)结合 Pathfinder 软件,建立地大隧道疏散物理模型;结合调研资料,设计疏散场景,确定模拟基础条件及人员参数(软件界面见附图Ⅳ-4)。

(2)展开人员疏散仿真模拟,得到人员动态移动规律及最优策略。

(3)计算所需安全疏散时间(T_{RSET}),对比可用安全疏散时间(T_{ASET}),评估地大隧道整体火灾安全性。

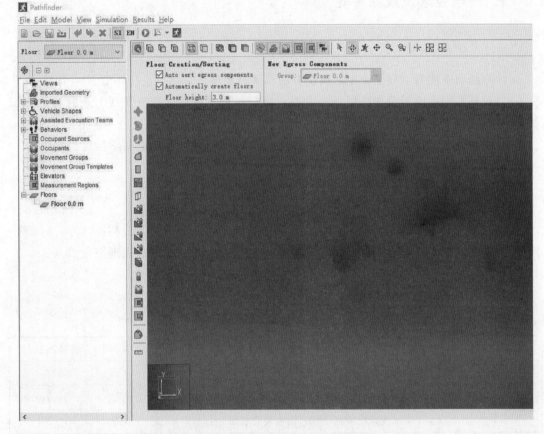

附图Ⅳ-4　Pathfinder 软件界面

4. 地大隧道防火消防设计及应急措施建立

(1)结合计算结果及相关规范技术要求,对地大隧道防火防烟、喷淋系统、防火分区及消防措施进行规划设计。

(2)紧急条件下师生快速疏散安排、应急措施的设计及建立。

(三)课程报告要求

课程设计报告书由封面、目录、正文、参考文献及附件组成。

正文按设计内容编排,依次按章节排序;正文使用小四号宋体,外文使用 Time New Roman,行距为 20 磅,段落首行空 2 个字符,左右两端对齐排版。

报告应能全面、准确地反映课程设计的过程、结果及分析讨论。相关调查资料、统计表格、调查图片等作为附件材料附于报告后。

封面格式见附件 1。

三、考核要求及成绩评定

(一)考核基本要求

(1)现场调查能力。根据采用的调查方法和调查数据处理结果进行评估。

(2)对基础知识及相关规范资料的掌握程度。根据课程设计报告表现出来的基本知识和基础理论、基本规划方法运用情况进行评价。

(3)创新能力。根据说明书的方法、结论所具有的创造性、新颖性、科学性进行评价。

(二)成绩评定

课程设计成绩根据平时表现、课程设计报告、考勤等情况综合评定。

成绩等级:优(90~100)、良(80~90)、中(70~80)、及格(60~70)、不及格(<60)5个等级。其中,设计说明书形式及规范占40%,结论及分析的完成度占40%,平时表现等占20%。

四、课程设计进度安排

附表 Ⅳ-1　课程设计进度安排

阶段	阶段内容	时间/周	答疑次数/次
准备	规范、文献查阅;现场环境调查踏勘;设计提纲编写	0.5	1
设计	资料分析、数据整理;整体方案选择、各分项工程设计计算	1.0	1
撰写	编写设计说明书、绘图、报告装订成册	0.5	1

五、规范及文献资料

姚华彦,刘建军.城市地下空间规划与设计[M].北京:中国水利水电出版社,2018.

中华人民共和国住房和城乡建设部.建筑设计防火规范(2018年版):GB 50016—2014[S].北京:中国计划出版社,2018.

中华人民共和国住房和城乡建设部.建筑防烟排烟系统技术标准:GB 51251—2017[S].北京:中国计划出版社.

中华人民共和国住房和城乡建设部.地铁设计防火标准:GB 51298—2018[S].北京:中国计划出版社,2018.

中华人民共和国住房和城乡建设部.建筑内部装修设计防火规范:GB 50222—2017[S].北京:中国计划出版社.

PyroSim 软件用户手册、电子资料等

Pathfinder 软件用户手册、电子资料等

相关资料网页:http://www.reachsoft.com.cn/product/276930245

附录Ⅴ　轨道交通客流预测实例

一、线路概况

佛山市城市轨道交通二号线一期工程经过佛山禅城区、顺德区、南海区和广州番禺区，途经南庄、石湾、魁奇路、佛陈路、文登路、林岳大道至广州南站。二期工程向西延伸至高明区，二号线规划见附图Ⅴ-1。

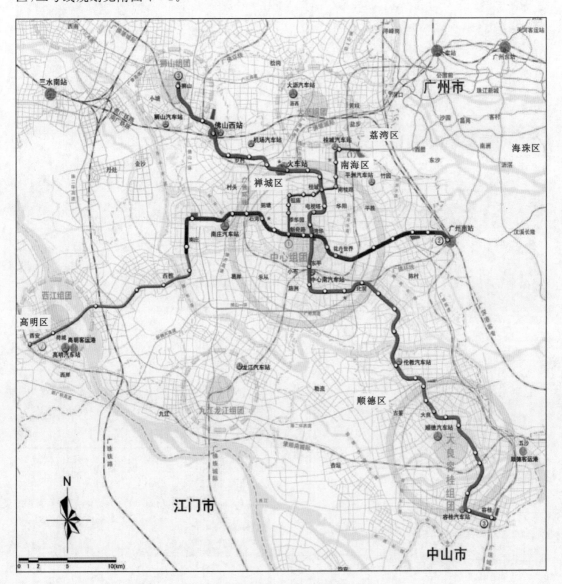

附图Ⅴ-1　佛山市城市轨道交通二号线线路规划平面示意图

线路以高架形式起于西端南庄站,沿线线路:紫洞路(规划光明高速前入地)—季华一路—(下穿)东平水道—季华二路—季华三路—(穿过)石湾公园—镇中路—魁奇路—(下穿)东平水道—佛陈公路—(佛山一环后爬出)文登公路—林岳大道(在陈村水道前入地)—(下穿)陈村水道—广州南站。

线路长32.3km,其中地下线22.9km,占全线的70.9%;高架线路长8.3km,占全线的25.7%;过渡段长1.1km,占全线的3.4%。平均站间距1.99km,最大站间距3.85km(花卉世界—仙涌),最小站间距0.97km(石梁—湾华),线路走向见附图Ⅴ-2。

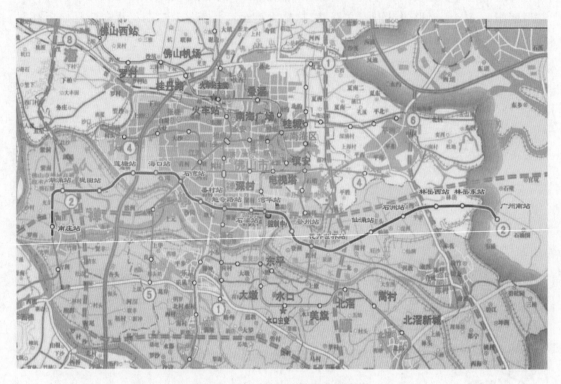

附图Ⅴ-2 二号线线路走向示意图

全线设车站17座(地下有12座、高架上有5座),其中换乘站7座。车站分布见附表Ⅴ-1。

附表Ⅴ-1 全线站点分布一览表

序号	车站名称	站点位置	站间距/m	车站类型	换乘条件	辐射区域
1	南庄站	南庄大道北侧,紫洞路上	—	高架二层单岛站		
2	湖涌站	陶瓷总部基地前,季华一路下	2540	地下二层单岛站		禅城区
3	堤田站	禅秀路东侧,季华一路下	1990	地下二层单岛站		

续附表Ⅴ-1

序号	车站名称	站点位置	站间距/m	车站类型	换乘条件	辐射区域
4	莲塘站	佛开高速西侧,季华二路下	2640	地下二层单岛站		禅城区
5	海口站	禅西大道东侧,季华二路下	1650	地下二层单岛站	与广佛环线换乘	
6	石湾站	和平路东侧,镇中路下	1680	地下二层单岛站	与规划五号线换乘	
7	番村站	雾岗路路口,魁奇西路下	1590	地下二层单岛站		
8	魁奇路站	汾江南路路口,魁奇一路下	1490	地下一层侧式站	与一号线换乘	
9	石梁站	岭南大道西侧,魁奇一路下	1420	地下二层单岛站		
10	湾华站	文华路路口,魁奇二路下	970	地下二层单岛站	与规划三号线换乘	
11	登州站	碧桂花城前,佛陈公路下	2560	地下二层单岛站		顺德区
12	花卉世界站	花卉世界大门前,佛陈公路下	1660	地下二层单岛站	与规划六号线换乘	
13	仙涌站	花卉大道东侧,文登路下	3586	高架二层单岛站		
14	石洲站	大涌路东侧,文登路下	1954	高架二层单岛站		
15	林岳西站	规划泰山路西侧,林岳大道南侧下	2020	高架二层单岛站		南海区
16	林岳东站	港口南路西侧,林岳大道南侧下	1380	高架二层双岛站	与规划新交通系统换乘	
17	广州南站	广州南站西广场下	2393	地下二层单岛站	与广州南站铁路系统及广州二、七号线换乘	广州番禺区

本线设林岳综合维修基地 1 座,段址位于广珠高速东侧、林岳大道南侧,沿林岳大道平行布置;设湖涌停车场 1 座,场址位于禅城区南庄镇,季华路北侧、紫洞路东侧,沿着季华路东西向布置。

二、客流预测依据年限及范围

(一)预测年限及范围

根据《佛山市城市轨道交通线网近期建设规划》的建设时序,佛山市城市轨道交通二号线一期工程(南庄站—广州南站)于2014年初开工建设,2018年底建成通车,建设工期为5年。二号线各设计年度分别为:

(1)初期:2021年。

(2)近期:2028年。

(3)远期:2043年。

根据《佛山市城市轨道交通线网近期建设规划》的建设时序,二号线分两期工程建设。一期工程为南庄站—广州南站,线路长度约32.3km,共设17座车站,主要服务城市的中心组团,计划于2014年初实施,于2018年底前建成通车。二期工程为西安站—南庄站,线路长度约21.0km,共设6座车站,主要提供西江组团与城市中心组团的交通联系,计划于2021年中实施,2025年底前建成通车,进一步加强新城区西南片区与旧城市中心区的联系,促进城市功能中心对城市近郊组团的辐射作用。

(二)客流预测基础资料

(1)《国务院办公厅关于加强城市快速轨道交通建设管理的通知》(国办发〔2003〕81号)。

(2)《关于认真做好城市轨道交通建设规划初审工作的意见》(建城函〔2004〕35号)。

(3)《佛山市城市总体规划(2005—2020)》。

(4)佛山市城市综合交通规划(2008年)。

(5)《佛山市国民经济和社会发展十一五规划纲要》。

(6)《珠江三角洲城镇群协调发展规划(2004—2020)》。

(7)广佛都市圈协调规划研究。

(8)《佛山市城市快速轨道交通线网规划》(2008年)。

(9)《佛山市禅城区近期公共交通发展规划》(2008年)。

(10)佛山市各组团分区规划及各片区控制性详细规划。

(11)《珠江三角洲地区城际轨道交通网规划(2019年修订)》。

(12)《城市快速轨道交通工程项目建设标准》(建标104—2008)。

(13)《地铁设计规范》等相关国家和行业标准。

(14)其他相关资料等。

三、客流预测方法和模型选用

(一)客流预测基本思路和方法

本次客流预测是在对佛山市社会经济各项指标预测的基础上,采用四阶段法对交通需求进行预测。通过居民(家庭户人口、集体户人口、流动人口)的出行调查,掌握全方式居民出行分布。在此基础上,根据未来人口分布与土地利用规划预测未来年的全方式居民出行分布,然后通过方式划分,得到公共交通(含快速轨道和常规公共交通)客流"OD",通过竞争分配模型进行分配,得到预测的轨道客流。在客流分配阶段,采用的基于交通规划软件TransCAD的公交分配模型综合考虑了各类因素对居民出行路径选择的影响。最后对轨道客流预测指标和客流敏感性进行了分析。客流预测步骤见附图Ⅴ-3。

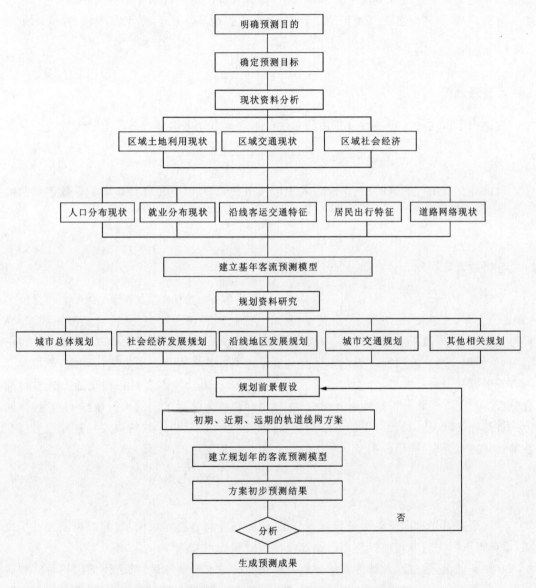

附图Ⅴ-3 佛山轨道交通二号线一期工程客流预测流程

(二)预测模型

1. 出行产生

本次居民出行生成模型采用类别生成率法(亦称交叉分类法)。通过分析影响交通区域交通出行的若干土地使用因素(人口、就业岗位、出行特征等),寻求交通出行量与土地使用之间的相关关系。交叉分类法考虑了单个出行的离散性,将出行对象划分为不同类型,进行交叉分类分析,以确定各交叉类别的出行率,具有较强的灵活性。采用以下模型分析计算

$$T_i = \sum_{c=1}^{n} r_c \times q_{ci} \tag{V-1}$$

2. 交通分布

对佛山市市内的区间出行分布预测采用乌尔希重力分布模型。其基本形式为

$$T_{ij} = \frac{P_i \times A_j \times F\{IMP_{ij}\}}{\sum j(A_j \times F\{IMP_{ij}\})} \tag{V-2}$$

对市外交通出行的区间出行分布,采用增长系数模型,以下是底特律增长系数模型的数学表达式为

$$T_{ij} = t_{ij} \times \alpha_i \times \beta_j \times \Gamma \tag{V-3}$$

3. 出行方式划分

交通方式划分为自由类(步行)、条件类(私人小汽车、摩托车、大客车、小汽车)、竞争类(常规公交车、轨道交通、出租车、自行车)3类。首先对宏观因素,包括社会经济发展、车辆保有量水平、交通政策等进行分析,确定各种交通方式的比重,研究各种方式的出行总量。其中,条件类交通方式根据各类汽车保有量确定该类方式在所有交通方式的比重,竞争类交通方式根据社会经济发展,如人均收入水平、公交政策、票价等因素对各种交通方式进行综合分析。对于方式划分模型的微观研究,主要考察在各个交通区间的出行条件下,各种不同方式被选择的状况。最为常用的方法是建立选择模型并以效用函数的形式对某几种可能存在的选择进行评估,确定分担率。其中,Logit模型是最常用的模型。

$$P_i = \frac{\exp(U_i)}{\sum_{j=1}^{n} \exp(U_j)}, \quad \text{其中} \quad U_i = \sum_{k} \alpha_k x_{ik} \tag{V-4}$$

本次研究首先对出行现状进行调查分析,建立相应的交通需求模型,并对模型进行了校核,以获得不同交通方式选择与出行距离及出行时间的相关特性。

在此基础上,通过对各种因素的分析及宏观交通需求模型测试,结合不同出行目的和区域交叉分类确定规划年的公交出行比例,然后以出行距离为约束进行分布获得公交OD矩阵。最终利用交通分配模型,采用竞争合作的分配方法,确定轨道交通的OD矩阵。

4. 轨道交通客流分配

本次公交分配模型是在已建立的道路与公共交通网络模型的基础上构建的。根据轨道客流分配模型的需要,增补与公交关联的路段或连线,如轨道交通线路、轨道交通与地面公交的连线、小区与道路公交的连线、小区与轨道交通的连线。调整后的道路与公共交通网络由4种基本路段组成:形心连杆、普通道路、常规公交线路和轨道线路。

针对佛山市的具体情况,公交客流分配方法采用最优策略模型,根据出行总费用对线路进行选择,对于重叠的线路,根据其服务水平、费用等因素进行优化。利用模型,首先计算出所有可能的路径,然后确定出所有最佳的从起点到终点的路径,再将用出行表示的乘客量加载到网络中的这些路径上。然后按比例将出行量分配到不同的方式中,再根据线路在各方式之中进行再分配。出行总费用(即广义费用)包括票价以及步行时间、候车时间、乘车时间、上车时间、换乘时间所折算的费用。广义费用是公交分配的基础,也是分配中唯一需要标定的模型。利用以下公式计算路线 k 的总费用

$$c_k = \sum_{i \in J}[r_j + \text{VOT} \times (r_x x_j + \gamma_w w_j)] + \sum_{i \in I}[\text{VOT} \times (\lambda_d d_i + \gamma_v t_i)] \quad (\text{V}-5)$$

式中:VOT(value of time)表示金钱转换时间的价值,单位为元/小时。

在本次研究中,常规公共交通与轨道交通 OD 矩阵作为交通需求输入,根据出行者各条线路的出行总费用等众多因素进行线路选择,通过各条线路之间的竞争优化,确定每一出行者最终的出行线路,得到公交分配结果。

四、客流预测结果及分析

(一)客流预测汇总

二号线初、近、远期客流预测指标汇总详见附表 V-2。

附表 V-2 二号线各设计年度客流预测指标汇总表

年度 指标	初期(2021年)	近期(2028年)	远期(2043年)
线路长度/km	32.3	53.3	53.3
客运量/(万人次·日$^{-1}$)	28.66	63.70	94.48
周转量/[(万人次·km)·日$^{-1}$]	366	998	1476
平均运距/(km·人次$^{-1}$)	12.8	15.7	15.6
客运强度/[万人次·(km·日)$^{-1}$]	0.89	1.20	1.79
高峰小时断面量/(万人次·h^{-1})	1.27	2.30	3.26

(二)车站及断面客流量预测

初期、近期、远期全日及早高峰小时车站和断面客流量预测见附表Ⅴ-3～附表Ⅴ-8。

附表Ⅴ-3　2021年轨道交通二号线全日断面客流　　　　　　　　　　（单位：人次）

上客	下客	断面	车站名称	断面	上客	下客
17 869	0		南庄站		0	18 274
		17 869		18 274		
9797	0		湖涌站		0	9564
		27 667		27 838		
11 243	956		堤田站		914	10 844
		37 954		37 768		
12 643	2787		莲塘站		2997	11 979
		47 810		46 750		
15 268	3480		海口站		3381	15 755
		59 598		59 124		
5991	1407		石湾站		1500	6033
		64 181		63 657		
8048	853		番村站		869	8157
		71 376		70 945		
20 947	20 747		魁奇路站		20 731	21 276
		71 576		71 490		
1873	2382		石梁站		2556	1710
		71 068		70 645		
22 987	15 472		湾华站		15 753	23 819
		78 583		78 710		
1309	2247		登洲站		2286	1016
		77 645		77 440		
8952	14 062		花卉世界站		13 748	9228
		72 535		72 921		
298	5796		仙涌站		5397	304
		67 036		67 829		
573	4740		石洲站		4381	573

续附表 V-3

上客	下客	断面	车站名称	断面	上客	下客
		62 869		64 021		
1462	4645		林岳西站		4514	1558
		59 686		61 064		
3700	11 706		林岳东站		12 685	3578
		51 680		51 957		
0	51 680		广州南站		51 957	0

附表 V-4 2028 年轨道交通二号线全日断面客流   （单位：人次）

上客	下客	断面	车站名称	断面	上客	下客
17 869	0		南庄站		0	18 274
		17 869		18 274		
9797	0		湖涌站		0	9564
		27 667		27 838		
11 243	956		堤田站		914	10 844
		37 954		37 768		
12 643	2787		莲塘站		2997	11 979
		47 810		46 750		
15 268	3480		海口站		3381	15 755
		59 598		59 124		
5991	1407		石湾站		1500	6033
		64 181		63 657		
8048	853		番村站		869	8157
		71 376		70 945		
20 947	20 747		魁奇路站		20 731	21 276
		71 576		71 490		
1873	2382		石梁站		2556	1710
		71 068		70 645		
22 987	15 472		湾华站		15 753	23 819
		78 583		78 710		
1309	2247		登洲站		2286	1016

续附表 Ⅴ-4

上客	下客	断面	车站名称	断面	上客	下客
		77 645		77 440		
8952	14 062		花卉世界站		13 748	9228
		72 535		72 921		
298	5796		仙涌站		5397	304
		67 036		67 829		
573	4740		石洲站		4381	573
		62 869		64 021		
1462	4645		林岳西站		4514	1558
		59 686		61 064		
3700	11 706		林岳东站		126 85	3578
		51 680		51 957		
0	51 680		广州南站		51 957	0

附表 Ⅴ-5　2043 年轨道交通二号线全日断面客流　　　　　　　　　　（单位：人次）

上客	下客	断面	车站名称	断面	上客	下客
24 808	0		西安站		0	24 760
		24 808		24 760		
45 682	1396		荷城站		1396	45 278
		69 094		68 642		
30 059	2237		新河站		2236	29 286
		96 916		95 692		
14 125	9690		简村站		9713	14 144
		10 1351		100 123		
14 719	11 889		西樵站		11 704	14 416
		104 180		102 835		
28 332	5088		吉利站		5183	27 253
		127 424		124 905		
21 090	4403		南庄站		4448	21 591
		144 112		142 048		
32 938	4362		湖涌站		4378	33 372

续附表Ⅴ-5

上客	下客	断面	车站名称	断面	上客	下客
		172 688		171 042		
26 898	3315		堤田站		3408	27 542
		196 271		195 176		
34 239	11 332		莲塘站		11 680	34 914
		219 179		218 409		
29 185	11 759		海口站		11 857	30 711
		236 605		237 263		
30 971	54 374		石湾站		55 046	30 233
		213 202		212 451		
12 546	4944		番村站		5063	13 591
		220 804		220 979		
34 358	63 092		魁奇路站		63 482	34 965
		192 070		192 462		
2294	7977		石梁站		8654	2186
		186 387		185 993		
46 632	50 257		湾华站		49 972	47 170
		182 762		183 190		
7116	10 920		登洲站		11 326	7168
		178 958		179 032		
23 197	32 306		花卉世界站		32 448	24 191
		169 849		170 775		
1259	13 744		仙涌站		14 025	1273
		157 363		158 023		
1054	13 342		石洲站		13 310	1115
		145 075		145 829		
3642	9549		林岳西站		9585	3994
		139 168		140 238		
5156	30 837		林岳东站		30 616	5317
		113 486		114 938		
0	113 486		广州南站		114 938	0

附表Ⅴ-6 2021年轨道交通二号线早高峰断面客流　　　　　　　　（单位：人次）

上客	下客	断面	车站名称	断面	上客	下客
4315	0		南庄站		0	2849
		4315		2849		
2045	0		湖涌站		0	1697
		6360		4546		
1943	285		堤田站		121	2185
		8018		6610		
2359	660		莲塘站		669	2351
		9717		8292		
1936	737		海口站		884	2974
		10 917		10 382		
527	244		石湾站		233	943
		11 199		11 091		
849	142		番村站		175	1171
		11 906		12 088		
1915	2903		魁奇路站		2720	3344
		10 918		12 712		
101	501		石梁站		469	173
		10 518		12 415		
2488	2213		湾华站		3759	3823
		10 794		12 479		
223	478		登洲站		797	246
		10 539		11 928		
1078	2436		花卉世界站		2490	1727
		9181		11 165		
43	1090		仙涌站		946	29
		8135		10 247		
38	1383		石洲站		759	84
		6790		9572		
47	861		林岳西站		1069	222
		5976		8725		
148	2042		林岳东站		1824	376
		4082		7277		
0	4082		广州南站		7277	0

附表 V-7 2028年轨道交通二号线早高峰断面客流　　　　　（单位：人次）

上客	下客	断面	车站名称	断面	上客	下客
2589	0		西安站		0	1542
		2589		1542		
4310	191		荷城站		192	2902
		6708		4252		
4486	242		新河站		216	1714
		10 952		5750		
2739	1201		简村站		1026	1296
		12 491		6020		
2149	1797		西樵站		1039	1383
		12 843		6363		
2871	1288		吉利站		310	3680
		14 426		9733		
2323	964		南庄站		241	2074
		15 785		11 566		
3464	971		湖涌站		342	3385
		18 278		14 608		
2897	692		堤田站		319	3838
		20 483		18 127		
3839	2107		莲塘站		1342	4450
		22 215		21 235		
2538	1835		海口站		1388	3112
		22 918		22 959		
2779	4334		石湾站		5126	3675
		21 363		21 508		
1220	347		番村站		345	1410
		22 235		22 573		
3054	5003		魁奇路站		5989	3798
		20 287		20 382		
153	1035		石梁站		792	223
		19 404		19 813		
3703	5387		湾华站		6564	6428

续附表Ⅴ-7

上客	下客	断面	车站名称	断面	上客	下客
		17 720		19 677		
517	1123		登洲站		2034	542
		17 113		18 185		
1452	3217		花卉世界站		3874	2118
		15 348		16 430		
127	2207		仙涌站		1616	92
		13 268		14 906		
48	2857		石洲站		1357	95
		10 459		13 644		
78	1721		林岳西站		1664	416
		8816		12 396		
167	3658		林岳东站		3027	416
		5325		9785		
0	5325		广州南站		9785	0

附表Ⅴ-8 2043年轨道交通二号线早高峰断面客流 （单位：人次）

上客	下客	断面	车站名称	断面	上客	下客
5004	0		西安站		0	2300
		5004		2300		
6501	224		荷城站		226	4054
		11 281		6129		
6180	318		新河站		289	2530
		17 143		8370		
3451	1646		简村站		1588	1636
		18 948		8418		
2888	2396		西樵站		1414	1741
		19 439		8745		
3981	1594		吉利站		394	4219
		21 827		12 570		
3110	1336		南庄站		430	3190
		23 601		15 330		

续附表Ⅴ-8

上客	下客	断面	车站名称	断面	上客	下客
4467	1201		湖涌站		456	4564
		26 867		19 439		
3668	857		堤田站		407	5906
		29 678		24 938		
4583	2889		莲塘站		1696	6046
		31 372		29 288		
3449	2498		海口站		1935	5227
		32 323		32 581		
3433	6793		石湾站		7486	4432
		28 963		29 527		
1641	830		番村站		640	1964
		29 774		30 851		
3371	7256		魁奇路站		7607	4697
		25 890		27 941		
231	1369		石梁站		1154	331
		24 752		27 118		
4401	6691		湾华站		8126	7292
		22 461		26 283		
1038	1505		登洲站		2175	991
		21 994		25 099		
2556	4582		花卉世界站		6081	3624
		19 967		22 642		
179	2838		仙涌站		2386	151
		17 308		20 407		
65	3262		石洲站		1733	121
		14 112		18 795		
223	1857		林岳西站		2117	595
		12 479		17 273		
181	5492		林岳东站		4121	426
		7167		13 579		
0	7167		广州南站		13 579	0

(三)客流分析

1. 客流量级及增长趋势

二号线途经佛山高明区、南海区、禅城区、顺德区,广州番禺区,串联中心组团、西江组团,线路东端串联广州番禺区。全长约53.3km,跨越范围广,客流吸引范围较大。

二号线一期工程初期(2021年)、近期(2028年)和远期(2043年)全日客流量分别是28.66万人次/日、63.70万人次/日、94.48万人次/日。早高峰小时断面客流量分别为1.27万人次/小时、2.30万人次/小时和3.26万人次/小时。从二号线客流量级来看,二号线属于大运量线路。

由于佛山市城市的发展、轨道沿线土地利用的日益完善、居民出行活动强度的增加以及轨道交通本身具备的优点,二号线客运量逐年不断增长。初期至近期之间客流增长速度较快,随着线路周边开发已基本成熟,市域内轨道交通线网建设基本完成,客运量保持稳定增长。

2. 客流构成

二号线呈东西向贯通城市中心组团,并连接中心组团与西江组团,兼具市区线和市域线的功能;同时线路在广州南站与广州市轨道交通线网接驳,又具有城际线的功能。3种功能融合在一起,故在客流构成中,既有组团内部的交换客流,也有组团之间的交换客流,还有城际客流,并且3种客流在全日各时段内所占的比例也是变化的。

本线高峰时段客流以通勤客流为主,集中体现市区线功能;平峰时段以商旅客流为主,集中体现市域线及城际线功能。

3. 平均运距

二号线的初期平均出行距离为12.8km,近期为15.7km,远期为15.6km,乘客平均乘车距离较一般城市轨道交通线路长。因此,要求本线的运营组织在满足客流预测规模的前提下,还应考虑提高服务水平和乘坐的舒适性。同时要求旅行速度快,减少旅客坐车时间。

4. 组团站间特征

根据对佛山市空间结构的分析,结合二号线线路所处区域,对二号线进行组团划分以分析二号线全线建成后的客流交换特征。

(1)西江组团:二号线二期工程站点全部位于西江组团内,包括西安站—西樵站,共5个车站。

(2)中心组团:本组团站点包括吉利站—花卉世界站,共13个车站。

(3)东部片区:本组团站点包括仙涌站—广州南站,共5个车站。

各组团间的客流交换示意图见附图Ⅴ-4。

对上述客流组团进行分析,可以总结如下规律:①客流交换的重心集中在中心组团;

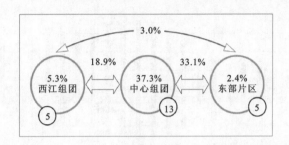

附图Ⅴ-4 远期(2043年)各组团间全日客流交换示意图

②与中心组团相关的交换量高达89.3%,其中:中心组团内部交换量最大,西江组团和东部片区与中心组团的交换量也保持一定量级;③西江组团与东部片区内部交换量及两组团间交换量均较小。

5. 高峰时段客流断面特征

客流断面是客流量与客流运距的综合表现,二号线各设计年度早高峰客流断面见附图Ⅴ-5~附图Ⅴ-7。

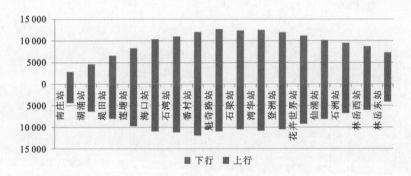

附图Ⅴ-5 初期(2021年)早高峰客流断面示意图(单位:人次)

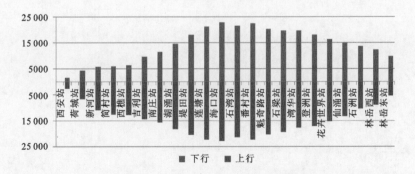

附图Ⅴ-6 近期(2028年)早高峰客流断面示意图(单位:人次)

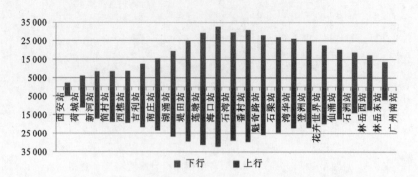

附图Ⅴ-7 远期(2043年)早高峰客流断面示意图(单位:人次)

各设计年度早高峰客流断面图呈"橄榄形"分布。初期客流最高断面位于下行方向石梁站—魁奇路站区间,近、远期客流最高断面均位于下行方向石湾站—海口站区间。近、远期早高峰小时进城客流大于出城客流,全线大于1/2最高断面的区段位于新河站—林岳东站之间,高断面持续区间较长,占全线长度约80%。